校企合作双元开发新形态信息化教材
高等职业教育交通运输类技能型人才培养实用教材

飞机维修基本技能

（活页式）

主　编　◎　彭　钊　　李　磊　　李茂云
副主编　◎　姚怀洋　　资张勇　　张雨田　　张师旗

西南交通大学出版社
·成都·

图书在版编目（CIP）数据

飞机维修基本技能：活页式 / 彭钊，李磊，李茂云主编. --成都：西南交通大学出版社，2023.9（2025.7重印）
校企合作双元开发新形态信息化教材　高等职业教育交通运输类技能型人才培养实用教材
ISBN 978-7-5643-9482-0

Ⅰ.①飞… Ⅱ.①彭…②李…③李… Ⅲ.①飞机 – 维修 – 高等职业教育 – 教材 Ⅳ.①V267

中国国家版本馆 CIP 数据核字（2023）第 171882 号

校企合作双元开发新形态信息化教材
高等职业教育交通运输类技能型人才培养实用教材

Feiji Weixiu Jiben Jineng（Huoye Shi）
飞机维修基本技能（活页式）

彭　钊　李　磊　李茂云 / 主编

责任编辑 / 赵永铭
封面设计 / 何东琳设计工作室

西南交通大学出版社出版发行
（四川省成都市金牛区二环路北一段 111 号西南交通大学创新大厦 21 楼　610031）
发行部电话：028-87600564　028-87600533
网址：https://www.xnjdcbs.com
印刷：四川玖艺呈现印刷有限公司

成品尺寸　185 mm×260 mm
印张　13.5　字数　313 千
版次　2023 年 9 月第 1 版　　印次　2025 年 7 月第 2 次

书号　ISBN 978-7-5643-9482-0
定价　42.00 元

课件咨询电话　028-81435775
图书如有印装质量问题　本社负责退换
版权所有　盗版必究　举报电话：028-87600562

前言
PREFACE

  党的二十大报告指出，加快建设交通强国。党的二十大报告还指出，我们要坚持教育优先发展、科技自立自强、人才引领驱动，加快建设教育强国、科技强国、人才强国，坚持为党育人、为国育才，全面提高人才自主培养质量，着力造就拔尖创新人才，聚天下英才而用之。

  民用航空行业是世界上对安全要求最高的行业，特别是飞行运行安全关系到整个行业的存续和发展，关系到航空企业的生死存亡，更关系到机上人员、地面人员的生命安全。对安全的极致要求，是整个行业的共识。

  飞机维修工作是直接改变飞机的技术状态的工作，也是能够直接影响飞行安全的工作，需要严格按照工作工艺要求、工作流程要求进行施工。在施工过程中，任何工作质量的缺陷和操作的规范性瑕疵都是不被容忍的。严格遵照现有手册和规章进行工作是必须的，而工作中擅自改变工作方法和流程（主观上是进行改进）是不被允许的。所以飞机维修工作的具体目标是不出现错误而不是创新和提高。

  在这样的工作思想指导下，本实训指导书按照实际工作所使用的"工卡"格式进行编写。在记录的时候，完成情况只考虑"合格"或者"不合格"，并不对完成情况打分。

  本书可结合航空紧固件拆装和保险、飞机管路施工、飞机传动部件检查和校装、标准线路施工、静电敏感元件的防护、钣金加工、钳工等科目进行实训使用。完成记录可在学生求职简历中列入"实训履历"。

  本书由云南交通运输职业学院（云南交通技师学院）彭钊、李磊、李茂云、姚怀洋、资张勇、张雨田、张师旗等参与编写，编写期间参考了大量国内外飞机维修资料和中国民用航空局相关资料，在此一并向有关作者和中国民用航空局表示真诚感谢。

  由于编者水平有限，书中难免存在疏漏和不足之处，欢迎广大读者批评指正，以便再版时改正。

编 者

实训工卡使用办法

　　本教材实训工卡用于飞机机电设备维修等航空技术相关专业，用于学生实训项目的训练指导。

　　本册主要练习飞机部附件拆装，通过训练逐步提高学生了解系统、查找资料、找到工作区域、认识部件、形成良好维修作风和熟练掌握拆装技术等方面的能力。任务按照操作难度逐步递增分为"测量""拆装""修理"和"制作"等一共 30 个典型工作。教师可按照实际情况选用其中部分或者全部工作项目进行教学。

　　学生在教师的指导下按照实训指导书中项目工作单卡逐项完成。在"工作者签署"栏签署完工标记。其中"必检项目"完成后需要授权人员确认后再进行下一项工作。按照指导老师要求，关键步骤需要提交指导教师检查。完成项目后学生在"完工签署页"填入工卡号、内容及签字。指导教师在检查完毕后在 "教员签字栏"填入姓名。

　　各实训项目应当在项目完工时完成签署，超过 24 小时不得补签。签署顺序需严格按照操作顺序执行。

完工签署页

本表格由操作员和教员本人签署,不得代签!

工卡号	内容	工作者签署	时间	教员签字

目录
CONTENTS

模块 1　航空紧固件拆装和保险

工作任务 1　紧固件保险和紧固件特殊拆装 …………………………………………… 17
工作任务 2　运-7 飞机紧固件拆装和保险 ……………………………………………… 23
工作任务 3　B737-500、运-7 飞机紧固件保险 ………………………………………… 29
工作任务 4　运-7 飞机保险丝的操作 …………………………………………………… 32

模块 2　飞机管路施工

工作任务 5　喇叭口制作 …………………………………………………………………… 46
工作任务 6　B737-500 飞机硬、软管路拆装检查 ……………………………………… 53
工作任务 7　TB20 飞机硬、软管路施工 ………………………………………………… 59
工作任务 8　非喇叭口硬管拆装检查及制作 …………………………………………… 64

模块 3　飞机传动部件检查和校装

工作任务 9　油门操纵钢索检查及张力测量 …………………………………………… 82
工作任务 10　方向舵的调整与检查 ……………………………………………………… 86
工作任务 11　调整钢索张力，拆装推拉杆 ……………………………………………… 90

模块 4　飞机标准线路施工

工作任务 12　屏蔽地线的制作和防护 …………………………………………………… 107
工作任务 13　电缆的修理 ………………………………………………………………… 112
工作任务 14　接线片夹接、防护和接地桩的安装 ……………………………………… 118

工作任务 15　插头更换和焊接连接器到终端 ⋯⋯⋯⋯⋯⋯⋯⋯⋯⋯⋯⋯⋯⋯⋯⋯ 123
工作任务 16　插钉和导线标识更换 ⋯⋯⋯⋯⋯⋯⋯⋯⋯⋯⋯⋯⋯⋯⋯⋯⋯⋯⋯⋯ 127
工作任务 17　标准线路施工（接线片修理）⋯⋯⋯⋯⋯⋯⋯⋯⋯⋯⋯⋯⋯⋯⋯⋯ 130
工作任务 18　标准线路施工（导线更换）⋯⋯⋯⋯⋯⋯⋯⋯⋯⋯⋯⋯⋯⋯⋯⋯⋯ 133
工作任务 19　标准线路施工（插钉的更换）⋯⋯⋯⋯⋯⋯⋯⋯⋯⋯⋯⋯⋯⋯⋯⋯ 136
工作任务 20　自动关闭电路的制作 ⋯⋯⋯⋯⋯⋯⋯⋯⋯⋯⋯⋯⋯⋯⋯⋯⋯⋯⋯⋯ 138
工作任务 21　蜂鸣器电路制作 ⋯⋯⋯⋯⋯⋯⋯⋯⋯⋯⋯⋯⋯⋯⋯⋯⋯⋯⋯⋯⋯⋯ 141
工作任务 22　整流电路的制作 ⋯⋯⋯⋯⋯⋯⋯⋯⋯⋯⋯⋯⋯⋯⋯⋯⋯⋯⋯⋯⋯⋯ 154

模块 5　静电敏感元件的防护

工作任务 23　电门灯组件和指示灯组件拆装更换 ⋯⋯⋯⋯⋯⋯⋯⋯⋯⋯⋯⋯⋯ 156
工作任务 24　静电敏感设备拆装与防护—M9 交通管制应答机组件拆装 ⋯⋯⋯ 159
工作任务 25　静电敏感设备拆装与防护—SMC NO2 计算机拆装杆校装 ⋯⋯⋯ 163

模块 6　钣金加工

工作任务 26　蒙皮铆补和铆钉拆除 ⋯⋯⋯⋯⋯⋯⋯⋯⋯⋯⋯⋯⋯⋯⋯⋯⋯⋯⋯ 175
工作任务 27　钣金 ⋯⋯⋯⋯⋯⋯⋯⋯⋯⋯⋯⋯⋯⋯⋯⋯⋯⋯⋯⋯⋯⋯⋯⋯⋯⋯ 182
工作任务 28　制作工具盒 ⋯⋯⋯⋯⋯⋯⋯⋯⋯⋯⋯⋯⋯⋯⋯⋯⋯⋯⋯⋯⋯⋯⋯ 187

模块 7　钳工

工作任务 29　加工一个部件 ⋯⋯⋯⋯⋯⋯⋯⋯⋯⋯⋯⋯⋯⋯⋯⋯⋯⋯⋯⋯⋯⋯ 198
工作任务 30　钳工（加工一个部件）⋯⋯⋯⋯⋯⋯⋯⋯⋯⋯⋯⋯⋯⋯⋯⋯⋯⋯ 201

参考文献 ⋯⋯⋯⋯⋯⋯⋯⋯⋯⋯⋯⋯⋯⋯⋯⋯⋯⋯⋯⋯⋯⋯⋯⋯⋯⋯⋯⋯⋯⋯⋯⋯ 206

模块 1　航空紧固件拆装和保险

扫码观看视频

教学目标

【知识目标】

1. 能够知道航空紧固件拆装和保险的意义;
2. 能够说出进行航空紧固件拆装和保险过程中的操作要点和注意事项。

【技能目标】

1. 能够规范进行紧固件保险和紧固件特殊拆装;
2. 能够完成运-7 飞机和波音 737-500 飞机上的紧固件拆装和保险。

【素养目标】

1. 具备精益求精、严谨专注、耐心坚持、专业敬业的民航工匠精神;
2. 具备严谨、专业、诚信的维修作风;
3. 能够做到"三个敬畏"(敬畏生命、敬畏规章、敬畏职责)、"四个意识"(规章意识、风险意识、举手意识、纪律意识)、"五个到位"(准备到位、施工到位、测试到位、收尾到位、交接到位);
4. 能够正确实施"工具三清点",任务实施过程中不出现丢失工具的情况;
5. 能按照工卡步骤施工,不出现工作步骤遗漏的情况,具备"九字方针"(看一条、做一条、签一条)意识,诚信记录,按要求签署工卡;
6. 具备安全意识,不做出可能造成航空器/设备损坏、人员受伤的行为。

任务导入

以 1990 年 6 月 10 日英国航空公司的 5390 次航班为例,时年 42 岁的机长提姆·兰于斯特驾驶英国航空公司的 5390 次航班从伯明翰机场飞往西班牙。这次航班是一架 BAC-1-11 型喷气式客机,起飞前刚刚完成修理,在清晨 7:42 起飞,载有 52 名乘客和包括副驾驶艾奇逊在内的 5 名机组成员。

就在起飞 15 分钟后,异变陡生。只听一声巨响,飞机忽然开始剧烈摇摆,变得像野马一样难以控制。瞬间的震惊之后,清醒过来的副驾驶员艾奇逊发现,原来飞机驾驶舱左前方的两块挡风玻璃只剩了一块,机长前方的玻璃已经不翼而飞。由于此时已经在高空飞行,机舱内的空气是经过加压的,巨大的压差导致舱内空气急速外泄。

机舱与客舱之间的门被气浪冲开了,后舱的小件行李和纸张等飞进了驾驶舱,而机长兰开斯特由于已经松开了安全带,竟被气流从窗口吸了出去。

事故的原因是飞机维修时,修理工在固定窗户作业时,用了比规定小一号的螺丝。飞机飞上蓝天后,因为振动、风吹、热胀冷缩等原因,比规定小一号的螺丝发生松动,紧固作用失效,进而其他紧固螺钉失效,最终导致整块玻璃失去固定,脱离飞机机窗,发生此次严重事故。

知识准备

紧固件在机械零件的安装中起到固定和连接作用,紧固件分为可拆卸和不可拆卸两类。

可拆卸紧固件(螺纹紧固件)是指不破坏一个或几个紧固件单元就可以拆卸的紧固件,如螺栓、螺钉、螺帽、垫片等,多数螺纹紧固件拆下后可以重复使用。螺纹紧固件拧紧后,靠螺纹与螺牙之间的摩擦力保持在拧紧状态。

不可拆卸的紧固件是指紧固件若拆卸则被破坏,不能重复使用,如锁螺栓、铆钉都属于这一类。

紧固件保险:在航空器上对紧固件除了按照规定拧紧力矩外,还要求采用某些措施以防止它们的松动,这些措施称之为"保险"。

保险有两大类:摩擦类、机械类。

一、摩擦类保险

摩擦类保险有弹簧垫片、双螺帽、自锁螺帽、簧板式垫圈等。

(一)弹簧垫片

弹簧垫片一般用在受力不大的部件(见图 1-1)。靠弹簧的弹性形变产生的回复力来增大螺纹间的自锁力达到保险目的。弹簧垫片可以重复使用,所以在安装前要确定弹簧垫片是完好的,并且没有被压平。由于弹簧垫片是不平整的,所以应该在弹簧垫片与部件之间安装平垫片,安装的目的是保证受力均匀和防止弹簧划伤部件。

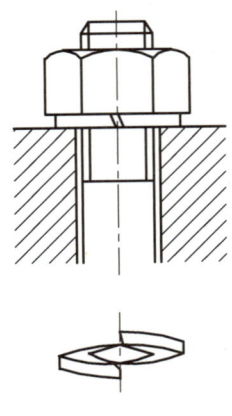

图 1-1 弹簧垫片

(二)自锁螺帽

自锁螺帽主要用于轴承件和操纵钢索滑轮的固定,一般附件的安装,检查口盖的安装以及某些发动机零附件的安装等。这种螺帽在严重振动环境下不松动。但它不能用在螺栓受扭矩作用而使螺栓或螺帽可能转动的部位。

图 1-2 所示为三种类型自锁螺帽。其中：(a) 所示为低温自锁螺帽；(b) 所示为抗剪型低温自锁螺帽；(c) 所示为高温自锁螺帽。

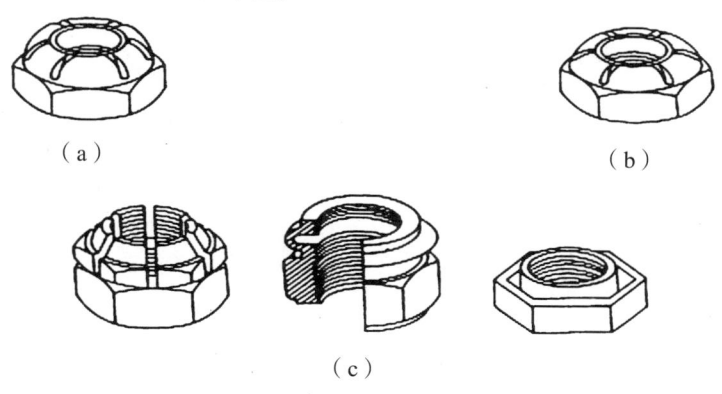

图 1-2 自锁螺帽

（三）双螺帽

双螺帽中下螺帽是紧固螺帽，上螺帽是保险（见图 1-3），用于受力较大或紧固件需保持在某一特定的部位，如散热器吊带处。其比弹簧垫受力大，比开口销式螺栓定位灵活。当紧固螺帽拧紧或到位后，用扳手固定，再在其上拧上一个保险螺帽。拧紧后使两螺帽互相压紧，中间螺杆部分被拉伸，从而增大螺纹摩擦力。起紧固作用的螺帽拧紧后不应使其再转动，上方的为保险螺帽。维修工作中可以用双螺帽方式拆装螺桩。

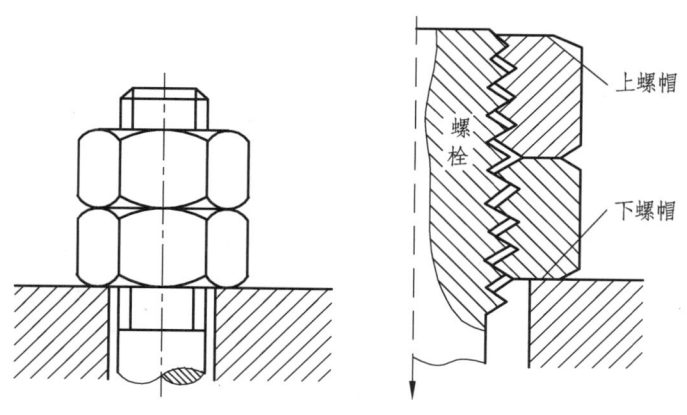

图 1-3 双螺帽

（四）簧板式垫圈（内花、外花保险圈）

垫圈为圆形，在内沿或外沿上有很多舌片，如图 1-4 所示。当螺帽或螺钉拧紧后将其压紧，其弹性变形增加摩擦阻力。此种垫圈适用在不适于安装自锁螺帽或槽形螺帽的地方，其与机械螺钉和螺栓配合使用。

图 1-4　内、外簧板式垫圈

二、机械类保险

机械类保险有保险丝、保险钢索、开口销、锁片（保险片）、卡环、卡簧（别针式）。

（一）保险丝

保险丝保险是航空器维修使用最多的保险形式，使用灵活、方便。它是将两个或两个以上的点用保险丝串联在一起，使它们相互牵制，任意一个点的活动都会受到其他点的限制。

1. 单股保险丝的应用

（1）单股保险丝通常用于窄小空间内闭环结构、电子系统上的零件和不适用双股保险经常拆卸的地方。

（2）当使用单股方法时，使用能通过保险孔的最大标准尺寸的保险丝。

（3）用单根保险丝串联时要注意保险丝穿孔时的走向，即当螺钉、螺帽开始松动时，封闭的保险丝圈将受力阻止松动。这种串联的螺钉数以保险丝长 24 英寸（1 英寸=2.54 cm）为限。

单股保险丝结尾长度应在 0.25～0.5 英寸之间，要求不少于 4 个花（见图 1-5）。

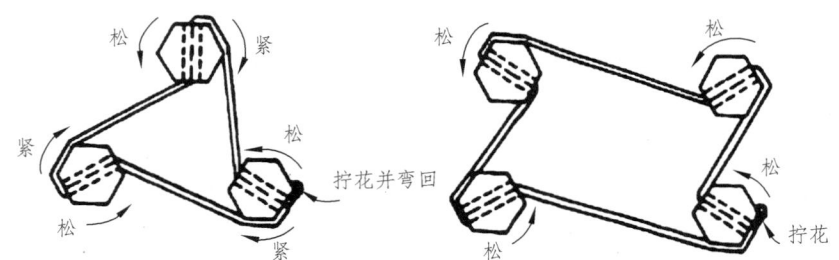

图 1-5　单股保险

2. 双股保险丝的应用

（1）除了手册说明中有规定，所有保险丝均需用双股的方法。

（2）对于直径大于等于 0.032 英寸保险丝，保险丝直径必须占将要穿过的孔径的 1/3～3/4。

（3）直径 0.020 英寸的保险丝能用于保险丝孔直径 0.045 英寸或更小的装置上，或者是零件相距小于 2 英寸并且保险丝孔直径是 0.045～0.062 英寸。

（4）对多个紧固件组：

如果多个紧固件彼此间隔 4～6 英寸，用同一根保险丝保险的紧固件不能超过 3 个。如果多个紧固件彼此间隔超过 6 英寸，不能把它们串在一起打保险，如果多个紧固件彼此间隔小于 4 英寸时，最长允许使用一根 24 英寸的保险丝将不多于 4 个紧固件连在一起打保险。

具体实施：

选择合适的保险丝孔，穿线角度不小于 30°，如图 1-6 所示。

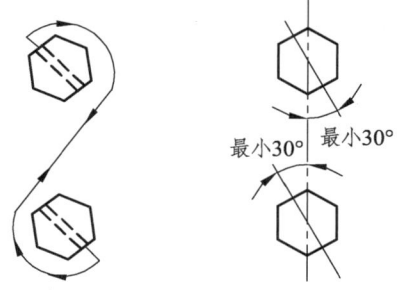

图 1-6　保险丝孔的选择

① 将保险丝穿入保险孔，绕螺栓头后打折，用孔出口的一头压住绕螺栓头的另一头，而后打结（穿线压绕线），结必须打在保险丝的出口，具体步骤如图 1-7 所示。

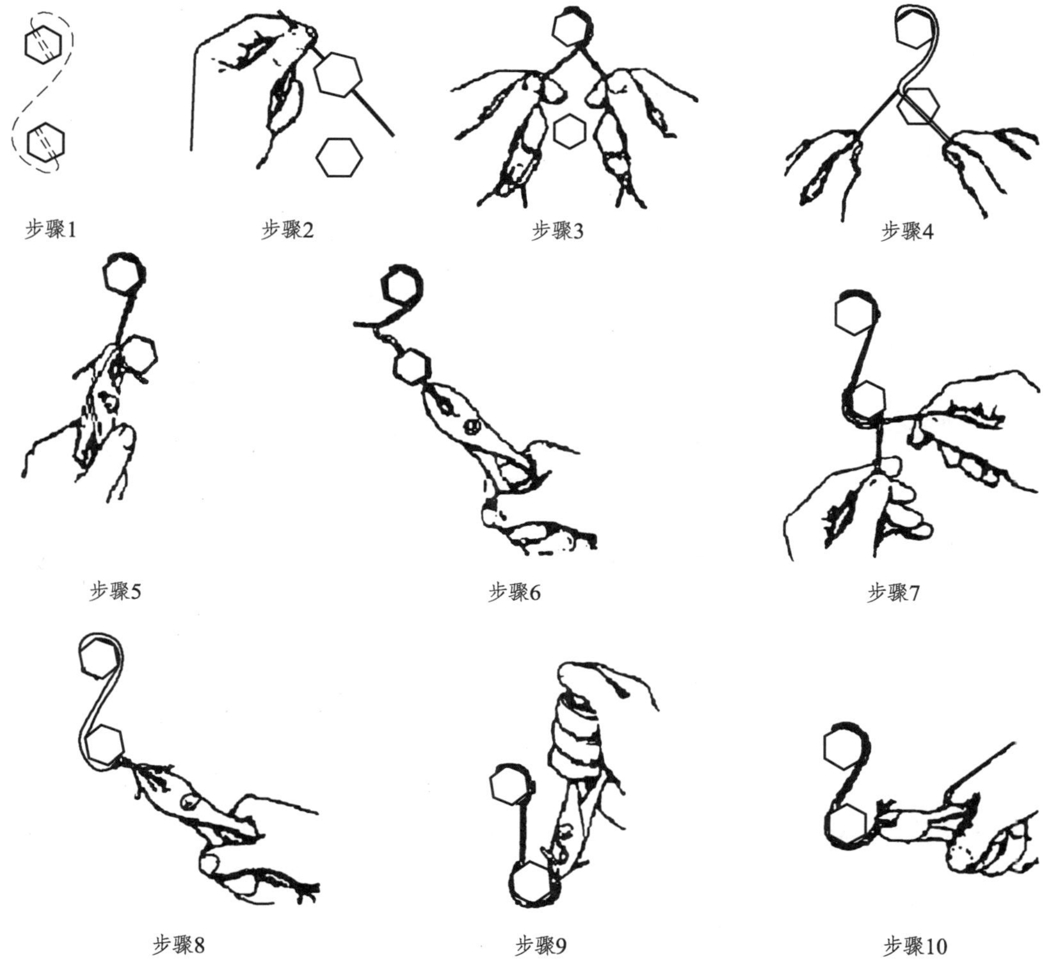

图 1-7　不使用保险丝钳保险的施工方法

② 对穿孔，第一扣为 120°。边角孔，第一扣为 60°。

③ 以 60°的角度继续编结保险丝，编结过程要保持拉紧保险丝。当所编结的辫子末端距离下一个螺栓距离小于 3 mm（0.118 1 英寸）时即可停止编结。

④ 将在上面的一头穿入螺栓孔，重复上面步骤。

⑤ 保险丝从最后一个螺栓头穿出后，以 80°的角度继续进行编结，最后留 3~6 个扣作为收尾，多余的部分剪掉。

⑥ 收尾段顺保险丝的走向弯曲即可。

保险钳如图 1-8 所示，是一种专用工具。它集剪钳和鸭嘴钳的功能于一身，并且可以自动扭辫结，打出来的辫结均匀美观。

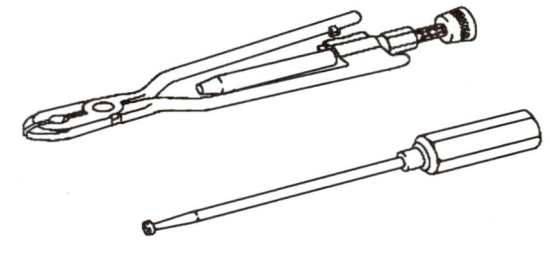

图 1-8　保险钳

安装保险丝使得通过紧固件的线圈在紧固件将松动时被拉紧。图 1-9 所示的典型安装是针对右旋螺纹紧固件的。对左旋螺纹紧固件使用相反的方向。如图 1-9 所示，不通过保险孔的回线能绕过或跨过紧固件，但保险丝必须拧持住。

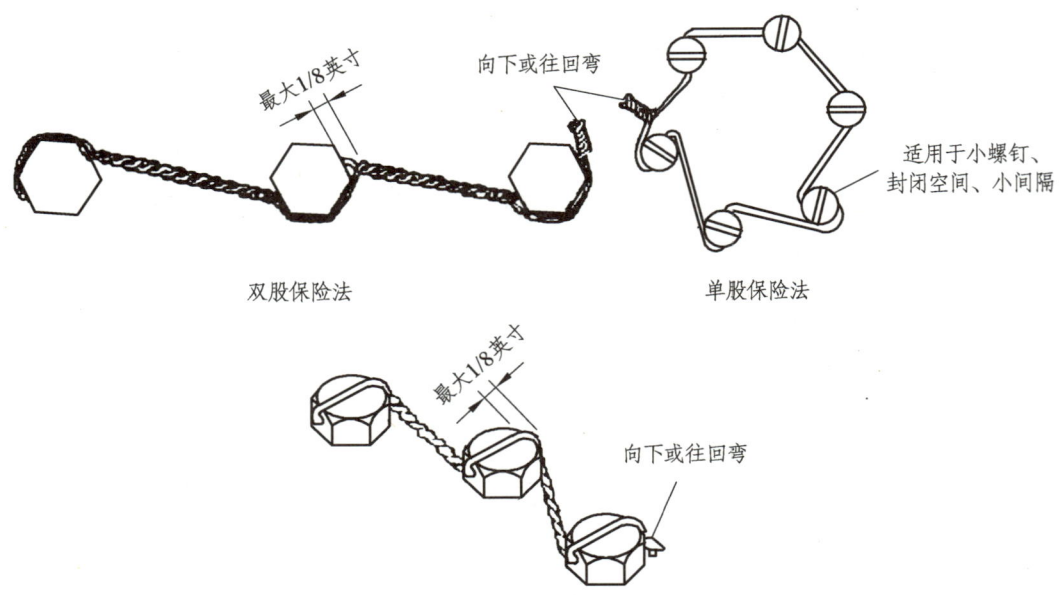

图 1-9　典型安装-右旋螺纹

在保险丝保持拉伸的状态下，扭转保险丝直到螺旋的末端距紧固件 1/8 英寸及以下。为得到充分的拉伸,对保险丝上不能施加过多的应力,按表 1-1 的要求,对每英寸保险丝施加规定的辫结。(双股保险丝的一捻即一个辫结,是当保险丝被扭转半圈时,一根保险丝相对另一根的位置改变了 180°,如图 1-10 所示。)

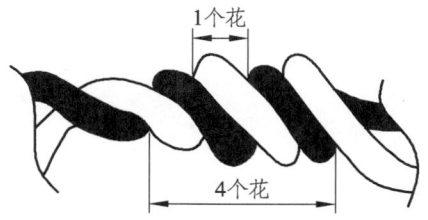

图 1-10　保险丝辫结详解

表 1-1　辫结密度

保险丝直径	<0.019	0.019~0.026	0.023~0.042	0.043~0.065	>0.065
辫结数/英寸	11~14	9~12	7~10	5~8	4~7

保险丝弯曲极限如图 1-11 所示,其尺寸如表 1-2 所示。当手指轻压(大约 2 磅)保险丝跨度中部时,捻绕的保险丝的总的弯曲不得大于图中规定的极限。

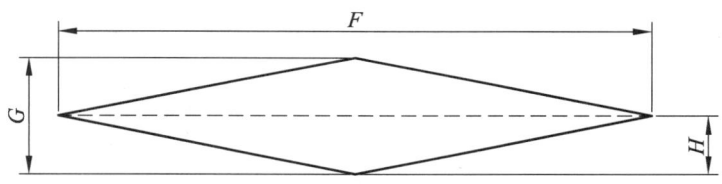

F—保险丝跨度;H—单向弯曲极限;G—双向弯曲极限。

图 1-11　保险丝弯曲极限

表 1-2　保险丝弯曲极限尺寸

F/英寸	G/英寸	H/英寸
0.5	0.125	0.063
1.0	0.250	0.125
2.0	0.375	0.188
3.0	0.500	0.250
4.0	0.500	0.250
5.0	0.625	0.313
6.0	0.625	0.313

保险丝保险的施工图例如图 1-12~图 1-17 所示。

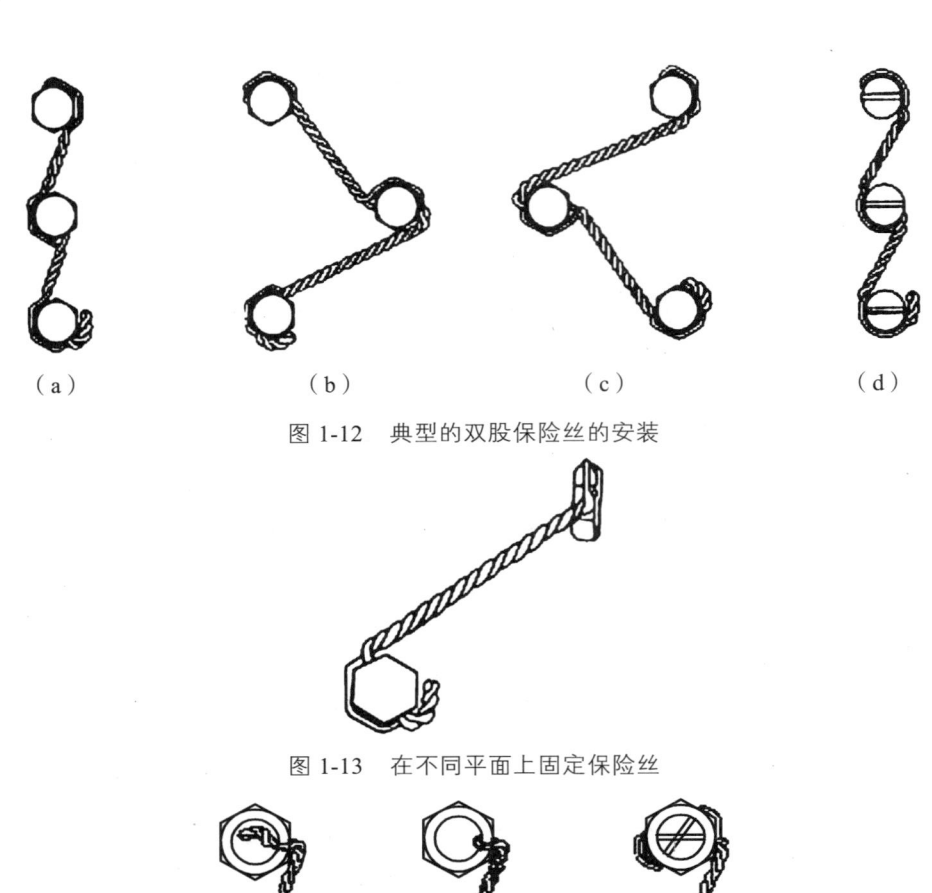

图 1-12　典型的双股保险丝的安装

图 1-13　在不同平面上固定保险丝

图 1-14　对空心堵头打保险

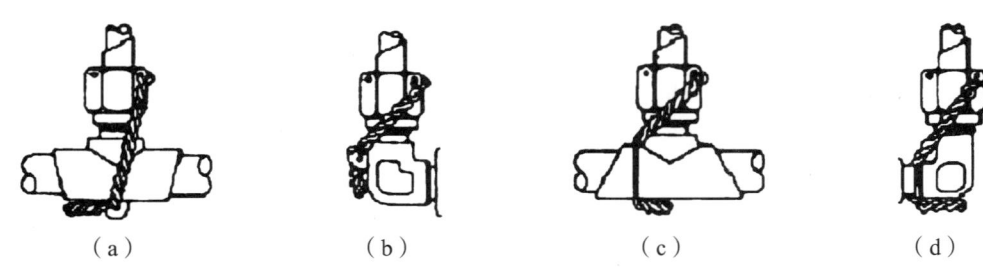

图 1-15　带保险凸耳的接头和无保险凸耳的接头必须按示例锁定

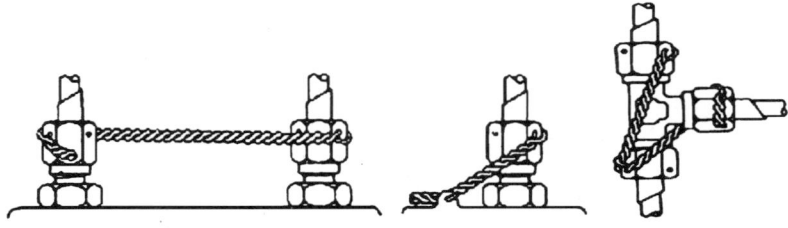

图 1-16　按示例对所有 T 形接头螺帽进行锁紧

图 1-17　重要的调整项目做铅封加以保护

3. 松紧螺套的保险

保险丝保险法分为"单根保险"（图 1-18 和图 1-19）和"双根保险"（图 1-20 和图 1-21）两种。

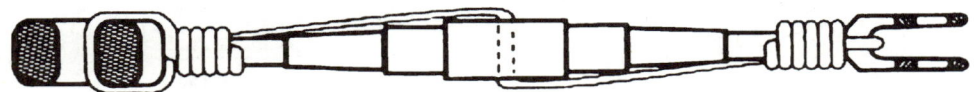

图 1-18　单根直拉式（SINGLE WRAP）

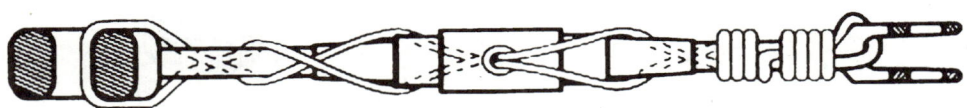

图 1-19　单根缠绕式（SINGLE WRAP SPIRAL）

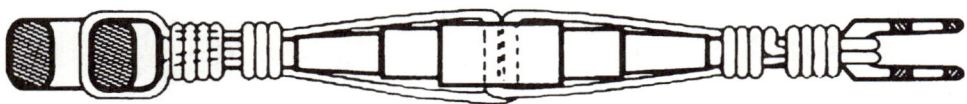

图 1-20　双根拉直式（DOUBLE WRAP）

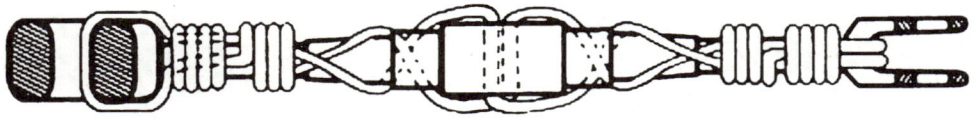

图 1-21　双根缠绕式（DOUBLE WRAP SPIRAL）

保险丝选择原则如表 1-3 所示。

表 1-3　保险丝在保险螺套上的选取原则

钢索直径/英寸	1/16	3/32 或者 1/8	5/32-5/16
保险丝直径/英寸	0.024	0.031	0.043

4. 插头保险丝制作

插头保险施工程序见图 1-22 和图 1-23。

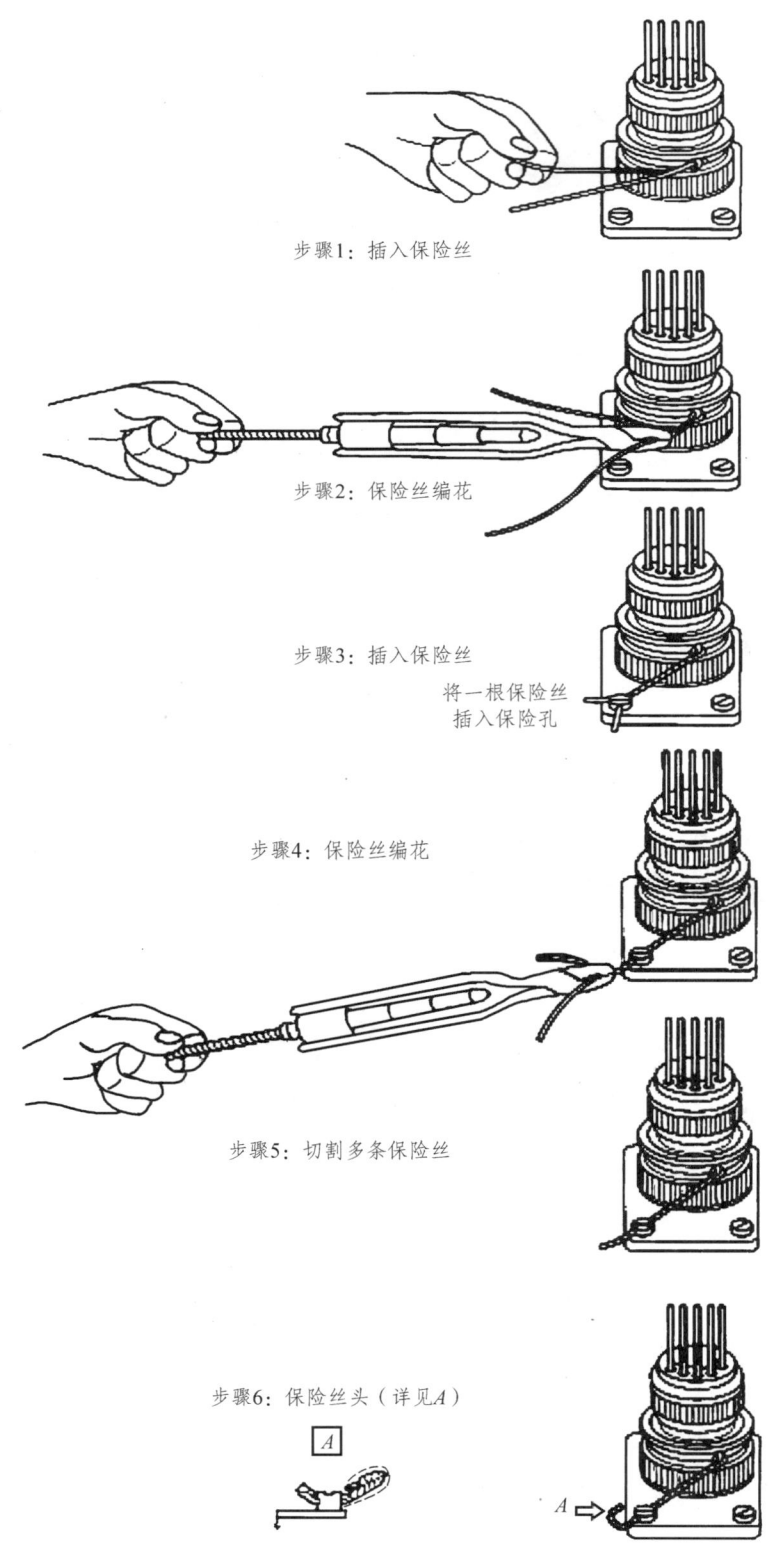

图 1-22 插头保险丝制作程序

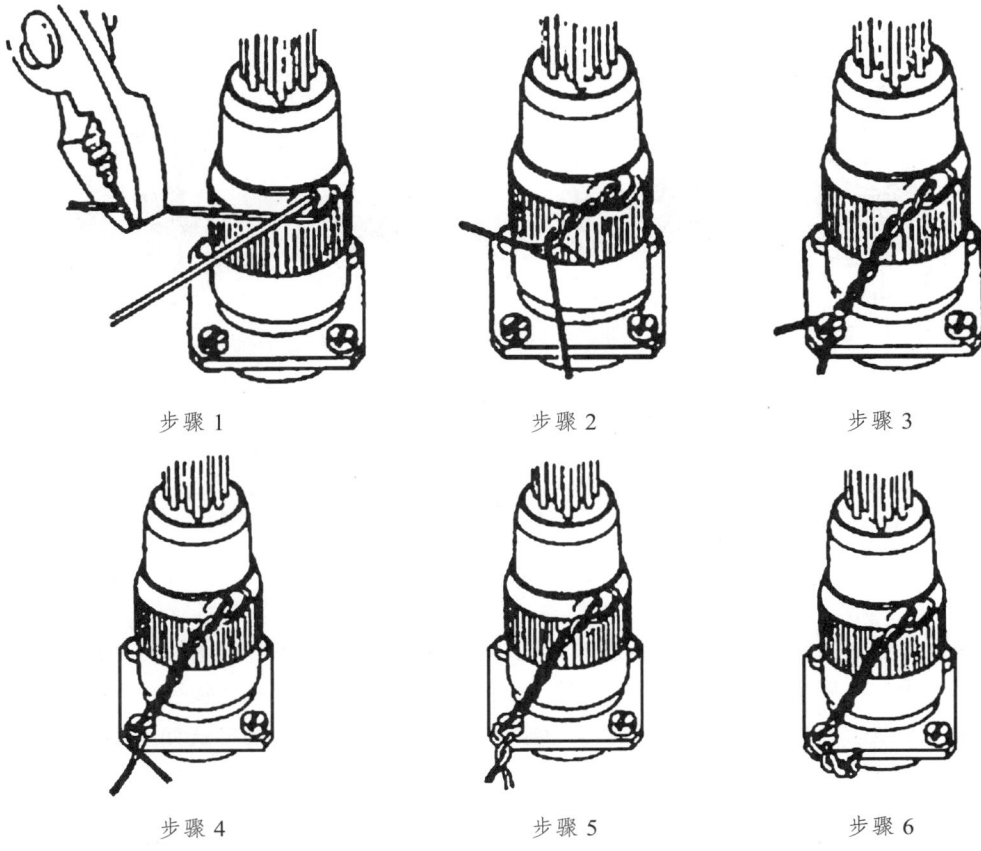

图 1-23 保险丝的手工编制步骤

(二) 开口销

开口销分为纵向保险和横向保险（见图 1-24）。

 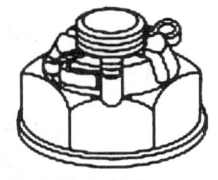

图 1-24 纵向保险和横向保险

螺帽槽上保险孔的位置如图 1-25 所示。

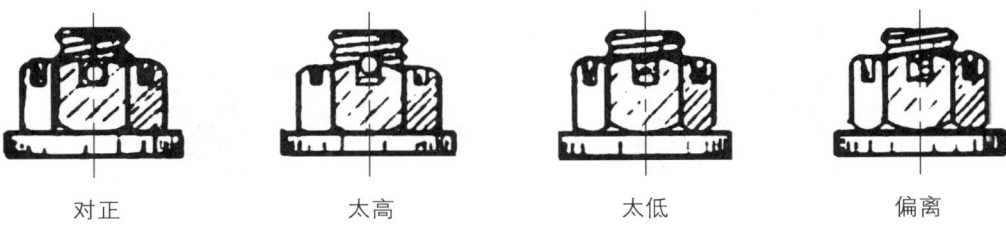

图 1-25 螺帽槽上保险孔的位置

在较狭窄的部位，如果用上述保险方法不便操作，也可先将开口销的尾部用钳子弯成钩形，再压入螺帽的缺口内，但必须保证保险的质量合格。横向保险的打法如图 1-26 所示。

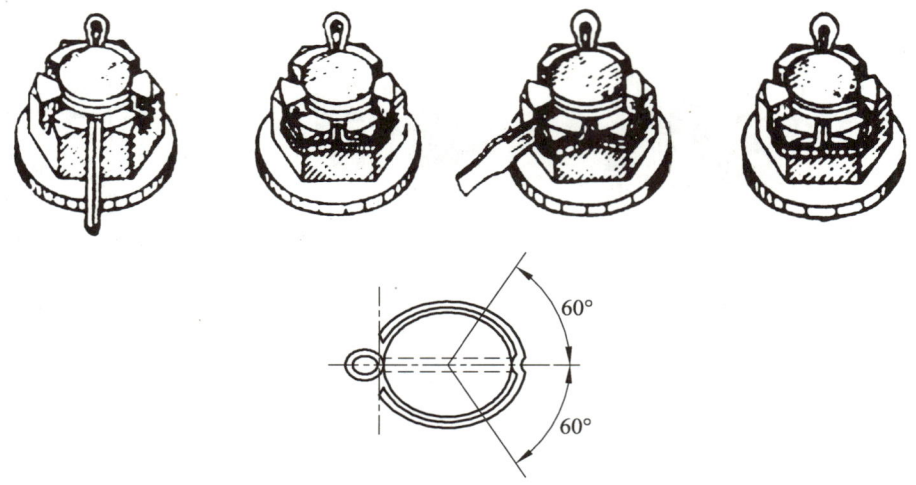

图 1-26　横向保险打法

将开口销插入保险孔内，把尾部沿螺杆的轴线方向（俗称上下分），并分别紧贴在螺杆的端面和螺帽边上，螺杆端面的开口销尾端长度超过螺杆半径且小于螺杆直径，切去多余部分。螺帽边上要求开口销尾端长度不触及螺帽垫片为准。纵向保险的打法如图 1-27 所示。

图 1-27　纵向保险打法

开口销保险的施工图例见图 1-28 和图 1-29。

图 1-28　拆除开口销

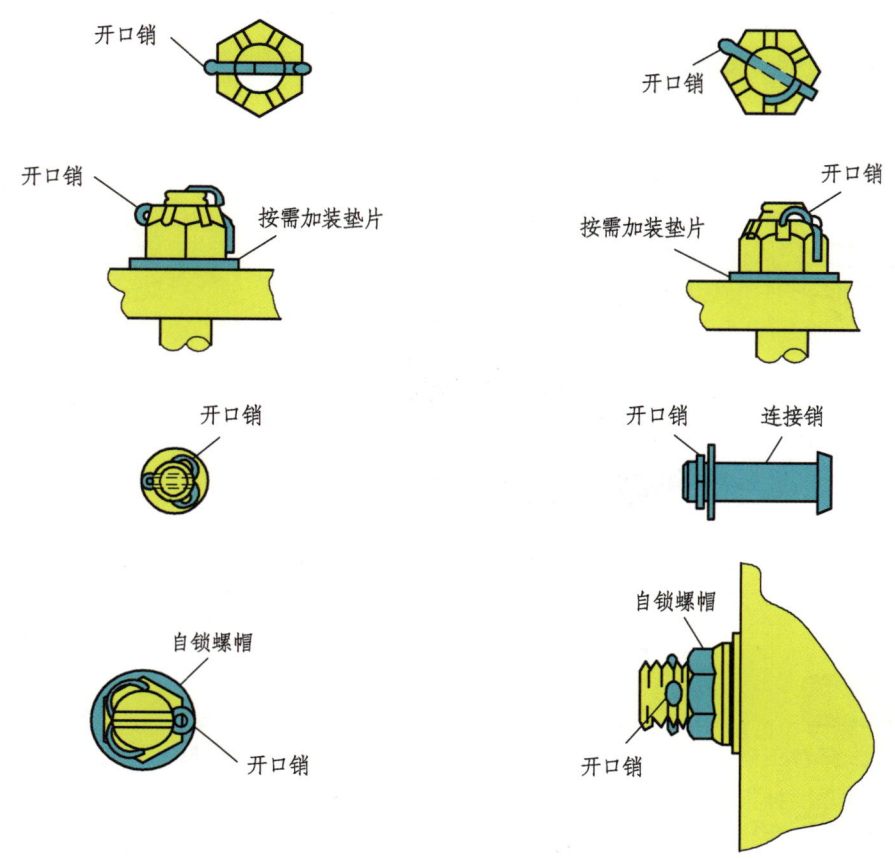

图 1-29 开口销保险的施工

（三）锁片（保险片）

锁片保险常用在温度变化较大或者受力较大的地方。锁片形式多样。只能一次性使用，每次装配时必须使用新的锁片，如图 1-30 所示。

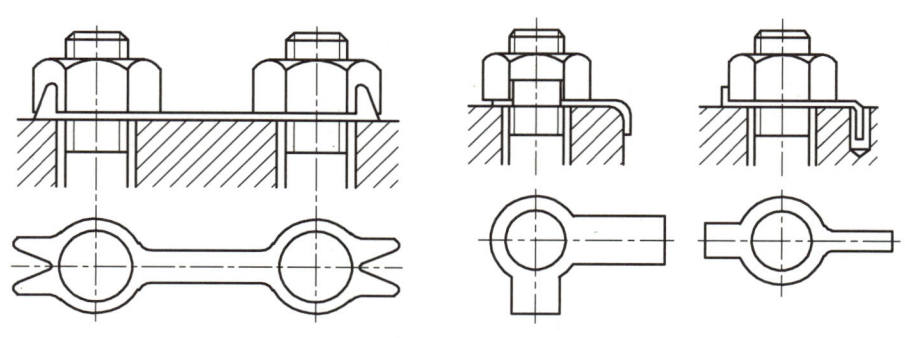

图 1-30 锁片（保险片）保险

（四）弹簧卡环

弹簧卡环由弹性很好的金属制成，能牢靠地卡紧在槽沟内，起到保险作用，如图 1-31 所示。弹簧卡环分为外用型和内用型两种，外用型卡环是设计用夹锁在轴形或缸体外表的槽道上，内用型卡环则用于缸体的壁沟槽内。卡环钳如图 1-32 所示。

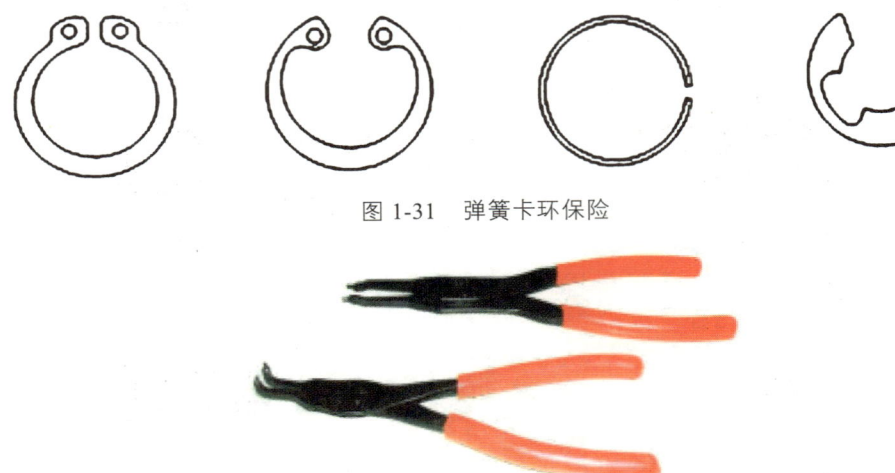

图 1-31　弹簧卡环保险

图 1-32　卡环钳

安全管理

1. 工作服穿着正确，佩戴防护帽、防护镜、防护手套，选择正确的工具。
2. 工作时要精神集中，防止工具夹伤手指，防止扳手滑移掉地。
3. 工作时，注意施工空间，保持工作场地清洁，及时清理杂物，防止绊倒。
4. 拆卸保险丝时，防止被保险丝扎伤，确保拆卸的保险丝完整。
5. 保持工具的清洁，以免造成零件表面产生毛刺。
6. 避免保险丝划伤零件。
7. 正确使用并爱护工具。
8. 拆装和装配批量紧固件时，注意检查零件质量。
9. 及时油封工具的工作面，避免腐蚀改变工作面，损坏零件。及时更换不合格的工具。
10. 避免工具碰伤、划伤零件。
11. 施工完毕后，检查施工质量，进行互查和专门检查。
12. 规范施工：熟悉各项基本技能的标准操作规范，明确施工重点和质量要求，严格按照工艺工卡规范施工；明确安全要素和注意事项，保障飞机及发动机安全可靠工作。

任务实施

实施说明：围绕航空紧固件拆装与保险共有 4 个任务，分别是：紧固件保险和紧固件特殊拆装，运-7 飞机紧固件拆装和保险，B737-500、运-7 飞机紧固件保险，运-7 飞机保险丝的制作。请同学们按照任务工卡完成任务。

工作任务 1　紧固件保险和紧固件特殊拆装

工作编号：	工作名称：紧固件保险和紧固件特殊拆装		
实训课时：110 分钟	工作日期：	工作地点：	

1. 工作说明。

飞机机件连接方式多种多样，包括螺钉连接、螺栓连接、双螺纹接头连接、螺栓连接、固定销连接、固定卡箍连接等。拆装时，要注意分清机件连接体系和配合形式，判明机件连接方式。飞机机件的连接装配图，通常有具体的安装表示或旗注，认真识读有利于拆装的顺利实施。

2. 工作前准备。

准备项目	准备工作	完成签署	检查签署
工具和设备	保险钳、尖嘴钳、剪钳、铁锤、胶锤、平头冲、卡簧钳、一字螺丝刀、梅花扳手、套筒、棘轮扳手、摇把、摇把头、十字头、铆枪、气管、压板工具、大力钳、钻枪、钻头、螺旋锥取螺器、力矩扳手等		
劳保用品	护目镜、手套、保险丝、开口销、保险片、卡环、平垫片等、耳罩、螺钉		
注意事项	确保所有起落架都安装了安全销。没有安全销，起落架收回会导致人员受伤，设备损坏。 如果不安装拆下的机轮组件，则需放气轮胎，以防止运输过程中充气轮胎爆炸。 如果机轮组件没有损坏，可以接受放气时在轮胎中留下大约 50 psi（345 kPa）或 25%的余压。在轮胎中留下大约 50 psi（345 kPa）或 25%的余压可以防止机轮组件运输时对轮胎的损坏。 正确使用千斤顶和机轮、刹车拆装专用工具，防止压伤人或设备		
授权	获得指导老师工作授权（必检）		*

3. 操作。

操作流程	工作者签署	检查签署
（1）使用保险钳实施紧固件双股保险丝三联保险：		
① 拆除紧固件保险。		
② 目视检查紧固件的状态，检查结果：＿＿＿＿＿＿＿＿＿＿。 使用保险钳实施一个三联保险。		

续表

操作流程	工作者签署	检查签署
（2）使用手工实施钢索松紧螺套的保险丝保险：		
① 拆除钢索松紧螺套保险丝保险。		
② 用手工方法实施一个钢索松紧螺套的保险丝保险。		
（3）实施开口销保险：		
① 拆除一个横向开口销保险和一个纵向开口销保险。		
② 将两个紧固件磅到规定力矩。建议力矩值：80 lb·in（9 N·m）。实施一个横向开口销保险和一个纵向开口销保险。		
（4）实施保险片保险：		
① 从紧固件上拆除保险片保险。		
② 安装保险片安装到紧固件上。将紧固件磅到规定力矩，力矩值：25 lb·in（1 lb·in =0.113 N·m）。		
（5）拆装卡环（内外）保险：		
拆除卡环保险并检查，检查结果：＿＿＿＿＿＿＿＿＿＿。安装卡环保险。		
（6）使用常用工具摇把拆装盖板紧固件：（图1-33） 提示：螺钉与十字头的中心线要在同一条线上，转动时用力压紧摇把，七分压三分拧，防止滑脱；拧至脱开自锁力后用手拧下螺钉。 提示：检查螺纹无滑丝、裂纹，螺钉无磨损，螺钉头无打花等，否则需更换。		
① 拆除盖板紧固件。		
a. 选择与螺钉凹槽相配的十字螺刀头。		
b. 去除螺钉头部的杂物（若有，如漆层）。		
c. 拆除盖板螺钉。		
② 检查螺钉。 目视检查紧固件的状态，检查结果：＿＿＿＿＿＿＿＿＿＿。		
③ 安装盖板紧固件。		
a. 先将螺钉涂油液，再用手将螺钉拧上，再用摇把对称拧紧至平齐。 提示：拧紧平齐后，盖板四周间隙均匀一致。		
b. 对称施加力矩到 2.4～2.6 N·m。		
实测力矩值为：		
（7）使用振动拆卸法实施紧固件的特殊拆卸（一个紧固件）：（图1-34）。		
① 使用铆枪振动法拆除特殊的紧固件。		
a. 选择与螺钉凹槽相配的十字螺刀头。		
b. 去除螺钉头部的杂物（若有，如漆层）。		

续表

操作流程	工作者签署	检查签署
c. 用铆枪拆下螺钉。 提示：需佩戴护目镜和耳罩，螺钉与十字头的中心线要在同一条线上，震动拧转十字头没滑脱，没有损伤旁边部件或结构；铆枪使用完毕及时拔掉气源，否则易使人员受伤或设备损坏。		
② 报废拆下的紧固件。		
③ 使用常用工具安装新的紧固件。		
（8）使用压板拆卸法实施紧固件的特殊拆卸（一个紧固件）：（图 1-35）。		
① 使用压板拆卸法拆除特殊的紧固件。		
A. 选择与螺钉凹槽相配的十字螺刀头。		
B. 去除螺钉头部的杂物（若有，如漆层）。		
C. 用压板拆下螺钉。 提示：用摇把拆下一个正常的螺钉后作为就近的结构孔。		
a. 安装好压板工具。		
b. 拆下螺钉。 提示：每拧松螺钉一圈，则需拧松压板螺丝半圈，否则受力不均匀；拧转压板十字头没滑脱，没有损伤旁边部件或结构。		
② 报废拆下的紧固件。		
③ 使用常用工具安装新的紧固件。		
（9）使用大力钳法实施紧固件的特殊拆卸（一个紧固件）：（图 1-36）。		
① 使用大力钳去除特殊的紧固件。 提示：调节大力钳口到合适位置，使夹紧力度合适，不会滑脱，没有损伤旁边部件或结构。		
② 报废拆下的紧固件		
③ 使用常用工具双开口扳手安装新的紧固件（双螺帽法见图 1-37）。		
（10）用螺旋锥取螺器法对紧固件的特殊拆卸（一个紧固件）：（图 1-38）。		
① 使用螺旋锥取螺器法拆除特殊的紧固件。 提示：选择合适尺寸的钻头和取螺器才能有效完成工作		
a. 在螺杆上打冲点并进行钻孔 提示：冲点需在螺杆中心位置；不要戴手套，但需戴护目镜，正确操作钻枪钻孔到一定深度，使用完毕钻枪及时拔掉气源，否则易使人员受伤或设备损坏。		
b. 使用取螺器拆下紧固件 提示：正确操作取螺器，取螺器与孔紧密咬合，没有损伤紧固件螺纹		
② 报废拆下的紧固件。		
③ 使用常用工具双开口扳手安装新的紧固件（双螺帽法见图 1-39）。		

图 1-33　保险安装位置示意

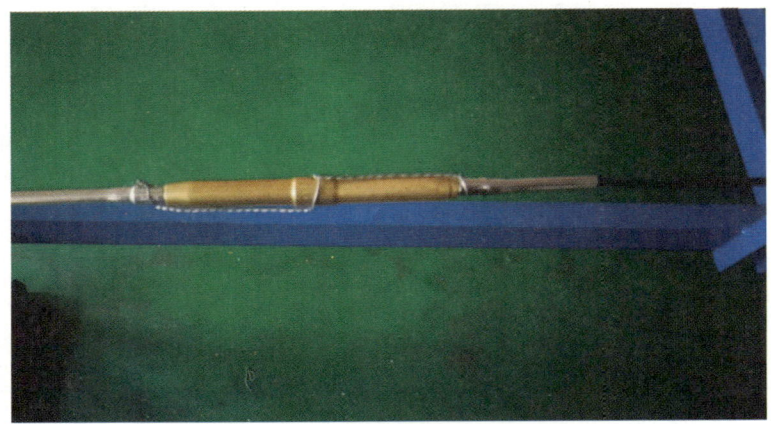

图 1-34　钢索套保险安装示意

图 1-35　开口销安装示意

图 1-36 保险片安装示意

图 1-37 内卡环安装示意

图 1-38 多联保险安装示意

图 1-39　钻孔取咬紧螺丝示意

4. 完工状态。

工作结束后的检查和场地恢复	工作签署	检查签署
（1）检查各个指定位置保险装置安装的状态，避免出现错装、漏装的现象		
（2）清点、检查工具的状态和数量，并将工具归还至指定位置		
（3）清点、检查剩余的耗材，并将其归还至指定位置		
（4）检查、清理工作场地，确保工作场地中没有遗留任何多余物		
（5）获得指导教师完工签署		*

工作任务 2　运-7 飞机紧固件拆装和保险

工作编号：	工作名称：运-7 飞机紧固件拆装和保险	
实训课时：120 分钟	工作日期：	工作地点：

1. 系统了解标准施工在 ATA100 体系中章节号为_____。

2. 翻译如下标准施工的描述（节选自波音 737-500AMM 手册）：

A. This procedure contains one task. The task is the replacement of lockwires.

B. If this procedure does not agree with specified maintenance procedures, use the specified maintenance procedure.

C. Do not use the lockwire more than once.

D. Install the lockwire to put it in tension when the parts become loose.

E. Make three to six twists at the end of the wire. Bend the twists back or under the wire, or things can get caught on the end.

F. Double-twist safety wire method is required for all safety wiring except as follows:

(1) Single wire method is specified.

(2) Single wire may be used for small screws in a closely spaced, closed pattern, such as a square or triangle.

(3) Single wire may be used for parts in electrical systems where accessibility or frequent removal make the double-twist method impractical.

3. AMM 手册中找到关于紧固件拆装和保险施工章节号_____。

在 IPC 手册中找到关于紧固件拆装和保险施工章节号_____。

4. 工作前准备。

准备项目	准备工作	完成签署	检查签署
工具和设备	通用工具箱 1 个、力矩扳手（0～50 N·m）1 把		
劳保用品	保险丝（MS20995C32）1 卷、开口销（自制件）2 个、螺钉（自制件）2 个、螺柱（自制件）2 个、护目镜 1 个		
注意事项	（1）保险装置操作中必须佩戴护目镜，防止操作中伤到眼睛； （2）保险装置（包括保险丝、开口销）均为一次性消耗品，禁止重复使用； （3）保险装置安装前，螺纹紧固件应按照规定力矩值进行安装，保险装置安装过程中，禁止对螺纹紧固件再次进行拧紧或拧松		
授权	获得指导老师工作授权（必检）		*

5. 操作。

操作流程	工作者签署	检查签署
（1）将 4 个管螺帽相互间保险（图 1-40）。		
（2）对带槽螺帽打横向开口销保险（图 1-41）。其中对螺帽按 70～80 lb·in（8～9 N·m）力矩磅紧。		
（3）对带槽螺帽打纵向开口销保险（图 1-42）。		
（4）拆装自锁螺帽（图 1-41）。		
（5）用单线保险法将 5 个螺栓相互间保险（图 1-41）。		
（6）将 3 个管螺帽相互间保险（图 1-43）。		
（7）将 2 个螺栓相互间保险（图 1-44）。		
（8）将 2 个管螺帽相互间保险（图 1-45）。		
（9）对内卡簧进行拆装操作（图 1-46）。		
（10）对外卡簧进行拆装操作（图 1-47）。		
（11）用振枪法拆卸一个螺丝（图 1-48）。		
（12）用压板法拆卸一个螺丝（图 1-49）。		
（13）用大力钳法拆卸一个螺丝（图 1-50）。		
（14）用反丝锥法拆卸一个螺丝（图 1-50）。		

图 1-40　保险安装位置示意

图 1-41　开口销、自锁螺帽、保险安装示意

图 1-42　开口销安装示意

图 1-43 保险安装位置示意

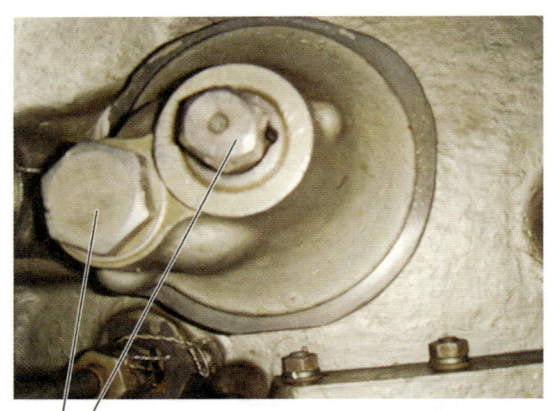

图 1-44 保险安装位置示意

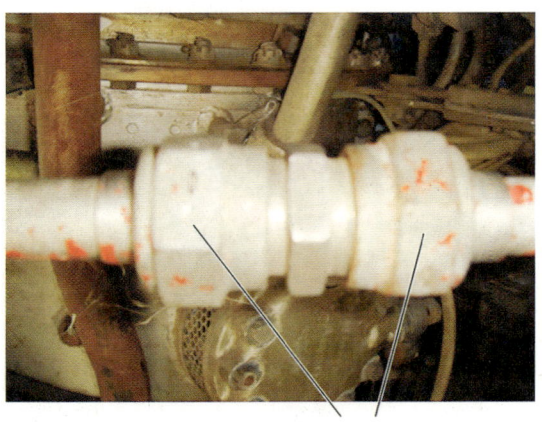

图 1-45 保险安装位置示意

卡环安装位置

图 1-46　内卡环安装示意

卡环位置

图 1-47　外卡环安装示意

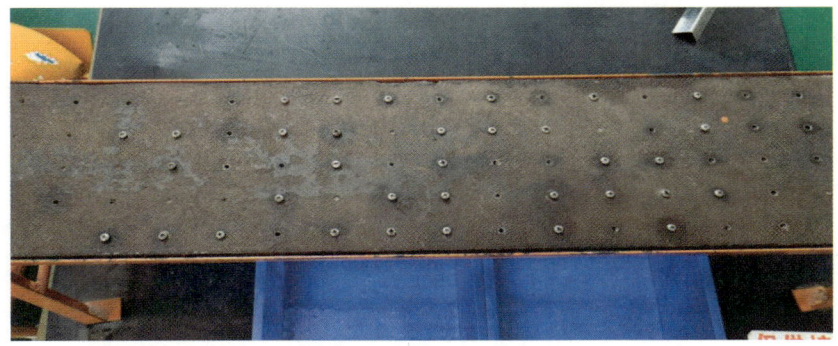

图 1-48　振枪法拆卸示意

图 1-49　压板法拆卸示意

图 1-50　反丝锥法、大力钳法拆卸示意

6. 完工状态。

工作结束后的检查和场地恢复	工作签署	检查签署
（1）检查各个指定位置保险装置安装的状态，避免出现错装、漏装的现象		
（2）清点、检查工具的状态和数量，并将工具归还至指定位置		
（3）清点、检查剩余的耗材，并将其归还至指定位置		
（4）检查、清理工作场地，确保工作场地中没有遗留任何多余物		
（5）获得指导教师完工签署		*

工作任务 3　B737-500、运-7 飞机紧固件保险

工作编号：	工作名称：B737-500、运-7 飞机紧固件保险		
实训课时：90 分钟	工作日期：		工作地点：

1. 工作说明。

飞机机件连接方式多种多样，包括螺钉连接、螺栓连接、双螺纹接头连接、螺栓连接、固定销连接、固定卡箍连接等。拆装时，要注意分清机件连接体系和配合形式，判明机件连接方式。飞机机件的连接装配图，通常有具体的安装表示或旗注，认真识读有利于拆装的顺利实施。

2. 工作前准备。

准备项目	准备工作	完成签署	检查签署
工具和设备	通用工具箱 1 个，力矩扳手（0～50 N·m）1 把，套筒工具		
劳保用品	保险丝（MS20995C32）1 卷、开口销[MS24665-359（或 BACP18BC04C14P）]1 个、开口销[MS24665-374（或 BACP18BC04A12P）]1 个、保险片 1 个		
注意事项	（1）保险装置操作中必须佩戴护目镜，防止操作中伤到眼睛； （2）保险装置（包括保险丝、开口销、保险片）均为一次性消耗品，禁止重复使用； （3）保险装置安装前，螺纹紧固件应按照规定力矩值进行安装，保险装置安装过程中，禁止对螺纹紧固件再次进行拧紧或拧松		
授权	获得指导老师工作授权（必检）		*

3. 操作。

操作流程	工作者签署	检查签署
（1）拆除保险装置。		
① 拆除指定位置（图 1-51～图 1-54）的保险丝和开口销。		
② 将指定位置的保险片敲开，拆下螺帽、螺栓等螺纹紧固件，取下保险片。		
（2）安装保险装置。		
① 采用手工制作的方式按照双股缠绕法在图 1-51、图 1-52 中指定位置安装保险丝保险。		

续表

操作流程	工作者签署	检查签署
② 在图 1-53 中指定的位置分别采用横向法和纵向法安装开口销保险。 备注 1：采用纵向法安装开口销，与贴紧螺帽部分的端点禁止与垫片或零件的表面直接接触，贴紧螺栓顶部一端应超出螺杆半径但不应超过其直径； 备注 2：采用横向法安装开口销，开口销尾端禁止与螺纹产生任何接触； 备注 3：在剪断开口销的时候，应采取措施避免开口销断头飞出伤人或掉入航空器内部。		
③ 在图 1-54 中指定位置的螺栓上装入保险片，按照规定的力矩值 70～80 lb·in（8～9 N·m）将螺栓拧紧，将保险片安装到位。		

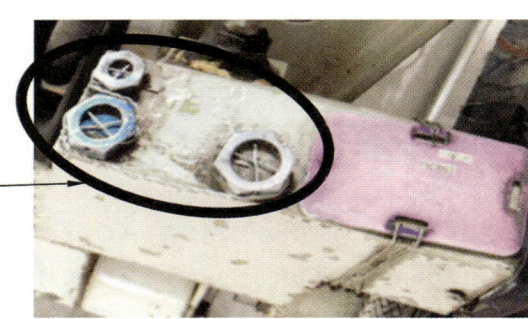

图 1-51　保险丝安装示意

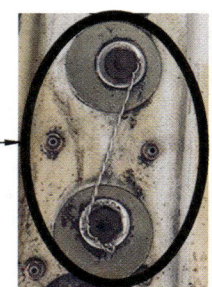

图 1-52　保险丝安装示意

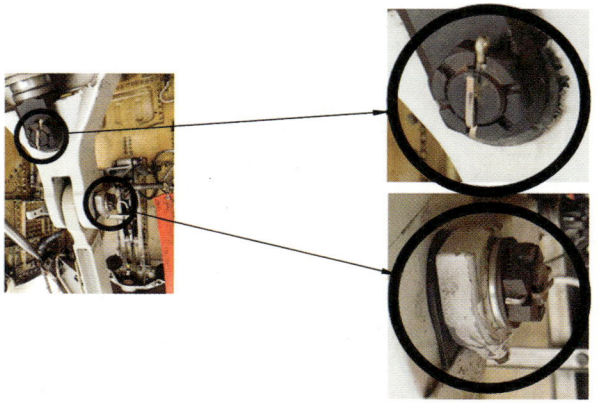

图 1-53　开口销保险安装示意

图 1-54 保险片安装示意

4. 完工状态。

工作结束后的检查和场地恢复	工作签署	检查签署
（1）检查各个指定位置保险装置安装的状态，避免出现错装、漏装的现象		
（2）清点、检查工具的状态和数量，并将工具归还至指定位置		
（3）清点、检查剩余的耗材，并将其归还至指定位置		
（4）检查、清理工作场地，确保工作场地中没有遗留任何多余物		
（5）获得指导教师完工签署		*

工作任务 4　运-7 飞机保险丝的操作

工作编号：	工作名称：运-7 飞机保险丝的操作	
实训课时：90 分钟	工作日期：	工作地点：

1. 工作说明。

飞机机件连接方式多种多样，包括螺钉连接、螺栓连接、双螺纹接头连接、螺栓连接、固定销连接、固定卡箍连接等。拆装时，要注意分清机件连接体系和配合形式，判明机件连接方式。飞机机件的连接装配图，通常有具体的安装表示或旗注，认真识读有利于拆装的顺利实施。

2. 工作前准备。

准备项目	准备工作	完成签署	检查签署
工具和设备	保险钳、尖嘴钳、剪钳		
劳保用品	棉手套、保险丝		
注意事项	（1）保险装置操作中必须佩戴护目镜，防止操作中伤到眼睛； （2）保险装置（包括保险丝、开口销、保险片）均为一次性消耗品，禁止重复使用； （3）保险装置安装前，螺纹紧固件应按照规定力矩值进行安装，保险装置安装过程中，禁止对螺纹紧固件再次进行拧紧或拧松		
授权	获得指导老师工作授权（必检）		*

3. 操作。

操作流程	工作者签署	检查签署
（1）实施紧固件双股保险丝保险。		
① 实施紧固件保险丝保险。		
② 选用合适保险丝，使用保险钳实施一个三联保保险（图 1-55）。		
③ 选用合适保险丝手工实施一个二联保保险（图 1-56）。		
④ 选用合适保险丝，实施一个电插头保险（图 1-57）。		
⑤ 选用合适保险丝，实施一个管接头保险（图 1-58）。		
（2）实施单股保险丝保险。		
① 拆除一个单股保险丝（图 1-59）。		*
② 选用正确尺寸保险丝，实施保险单股保险丝。		

模块 1　航空紧固件拆装和保险

图 1-55　保险丝安装示意

图 1-56　保险丝安装示意

图 1-57　电插头保险丝安装示意

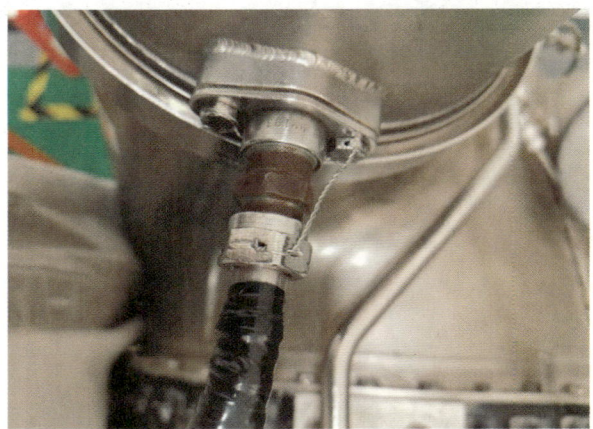

图 1-58　保险丝安装示意

图 1-59　单股保险丝安装示意

4. 完工状态。

工作结束后的检查和场地恢复	工作签署	检查签署
（1）检查各个指定位置保险装置安装的状态，避免出现错装、漏装的现象		
（2）清点、检查工具的状态和数量，并将工具归还至指定位置		
（3）清点、检查剩余的耗材，并将其归还至指定位置		
（4）检查、清理工作场地，确保工作场地中没有遗留任何多余物		
（5）获得指导教师完工签署		*

课后提升

保险丝保险是飞机维修中采取最多的防松措施，其将两个或两个以上的紧固件串联在一起，使它们相互牵制，任意一个紧固件的活动都会受到其他紧固件的限制，从而达到防松的目的。然后它们相互牵制有一必要条件就是保险丝的拉力方向需要和紧固件拧紧的方向保持一致。确保保险丝保险的方向正确是这种保险的首要任务，既是基础也是难点。然而，即使授课时再三强调，学生仍然会在实际练习或者考试时将保险丝的方向打反，使得保险丝保险起不了防松的作用。通过长期教学发现，往往造成学生将保险丝保险方向打反的原因有两点：

（1）不会判断紧固件拧紧的方向。一般常见的紧固件（如螺栓、螺钉、螺帽等）都是正旋螺纹，即顺紧逆松。有的学生判断方向能力较差，容易将紧固件拧松的方向当成了拧紧的方向，操作时就将保险丝的方向打反了，使得保险丝保险不起保险作用。

（2）对于中心穿孔的紧固件，有的学生判断紧固件拧紧方向的方法不正确。保险丝穿入保险孔后孔进口的拧紧方向和孔出口的拧紧方向是正好相反的，在操作时有的学生会将这两个方向弄混，按孔进口的拧紧方向来拉孔出口的保险方向，使得保险丝往松的方向拉，造成保险丝保险不起作用。

模块 2 飞机管路施工

模块 2　飞机管路施工

教学目标

【知识目标】

1. 能正确识别管路；
2. 能掌握喇叭口的制作方法；
3. 知道怎么拆装管路。

【技能目标】

1. 能运用弯管器和校正器弯曲管路成型；
2. 能制作标准的喇叭口；
3. 能完成管路的拆装工作。

【素养目标】

1. 具有从事民航事业所必要的政治素质；
2. 具有较强的安全意识和质量意识；
3. 具有良好的团队合作和沟通交流能力；
4. 具有制定工作计划的方法能力；
5. 具有解决实际问题的工作能力；
6. 具有较强的创新能力。

任务导入

　　2009 年 8 月 26 日，中国南方航空股份有限公司（China Southern AirlinES Company Limited，简称"南航"）广州基地执管的 B-6056 号飞机执行 CZ3503 航班，机组在空中反映绿系统液压油量低。广州总部立即做出反应，飞机在上海虹桥国际机场落地后，从广州飞机维修工程有限公司（简称"GAMECO"）紧急调派人手，在南航上海基地飞机维修部机务人员的协助下开始紧张有序地排故工作。

　　飞机液压油的渗漏严重影响了飞机运行安全。南航上海飞机维修部虹桥车间在飞机落地以后，立即采取应急措施寻找飞机渗漏点，并随后发现安装在左主轮舱后壁的绿系统高压总管油滤堵头渗漏严重。这时工程部决定派人带件排故。23:22 广州排故人员乘 CZ3595 航班到达上海，于 23:30 左右到达 95 号位着手排故工作。27 日凌晨 02:43 完成绿系统高压分配总管油滤堵头封圈的更换工作，并且完成绿系统液压油加注工作，打压测试液压系统工作正常，飞机于 27 日凌晨 06:10 完成放行工作。

　　在本次排故当中，两地机务细致检查，团结一心，共同努力下保障安全，为旺季生产安全运营保驾护航。

> **知识准备**

在现代飞机上，管路系统是飞机系统主要的基本组成部分之一。因此对于飞机维修人员来说掌握管路系统的零部件、管路的识别、拆装、密封试验和检验等是十分重要的。飞机管路系统是由管子、管套、外套螺帽、密封件、管卡、管接头等组成。在飞机上适用于液压、燃油、滑油、氧气、空气、水等介质的输送和能量传递。

一、管路材料

（一）金属管路的材料和标准

最常用的航空金属管路材料有铝合金管、不锈钢管、钛合金管三种，其他的金属材料管子非常少见。

铝合金管路的特点是质量轻、加工方便、具有一定的耐腐蚀性。缺点是强度低、耐腐蚀性不太好。铝合金管路主要用于中、低压系统。

不锈钢管路的特点是强度高、耐腐蚀性强。缺点是重量大、加工困难。主要用于高压系统。

钛合金管路通常用于 400 ℃ 以下工作的管路。钛合金管具有强度高、比重小、耐腐蚀性强、抗热性能和低温韧性好等特点，因此可在一定范围替代不锈钢管路。

警告：不要使用钛合金管子修理氧气管路。钛合金能引起着火或对人员造成伤害。

（二）金属管路管材的替代

通常使用相同材料的管子对管路进行修理。一般情况下，不建议使用替代管材进行金属管路的维修工作。如果实在没有相同材料的金属管材，也可以用不同材料的金属管材进行替代。这时候，要遵循用高强度的金属管材替代低强度的金属管材的原则进行替换。绝对不能用强度低的金属管材替代强度高的金属管材进行相关飞机维修工作。

不同的 AMM（飞机维修手册）中对管材替代的限制是不相同的，在确认管材的替代前必须查阅 AMM 中相关的章节以确认其替代关系。

（三）软管材料

软管材料主要使用丁腈橡胶、氯丁橡胶、异丁橡胶和特氟隆（聚四氟乙烯）。

丁腈橡胶是一种合成橡胶化合物，具有极好的耐石油性能，但对磷酸酯基液压油不适用。

氯丁橡胶对石油产品的耐力不如丁腈橡胶，但有更好的抗腐蚀性能，也不能用于磷酸酯基液压油。

异丁橡胶是一种由原油制成的合成橡胶，是适用于磷酸酯基液压油的合成橡胶，但是不能与石油产品一同使用。

特氟隆适用于每一种介质，储存和使用寿命无限制。特氟隆软管可经加工挤压成所需要的尺寸和形状，其上覆盖有编织的不锈钢丝来加强和保护。

二、管路尺寸

(一) 硬管尺寸

管路的尺寸标识有公制和英制之分。公制有两种表示方法：

一种是以管子的外径乘以内径表示。例如：8×6 是指管子的外径为 8 mm，管子的内径为 6 mm；另一种是以管子的外径乘以壁厚表示，例如：8×1 是指管子的外径为 8 mm，管子的壁厚为 1 mm。

英制硬管是以管子的外径（OD）为基准，以 1/16 英寸为单位递增或递减。例如：7 号管子表示管子的外径为 7/16 英寸。同一外径的管路可有多种壁厚，所以在安装管路时，不仅要知道管路的外径，也要知道该管路的壁厚。

(二) 软管尺寸和编号

英制软管是以管子的内径（ID）为基准，以 1/16 英寸为单位递增或递减。在软管材料壁内常加有纤维或金属丝以加强软管强度（见图 2-1）。

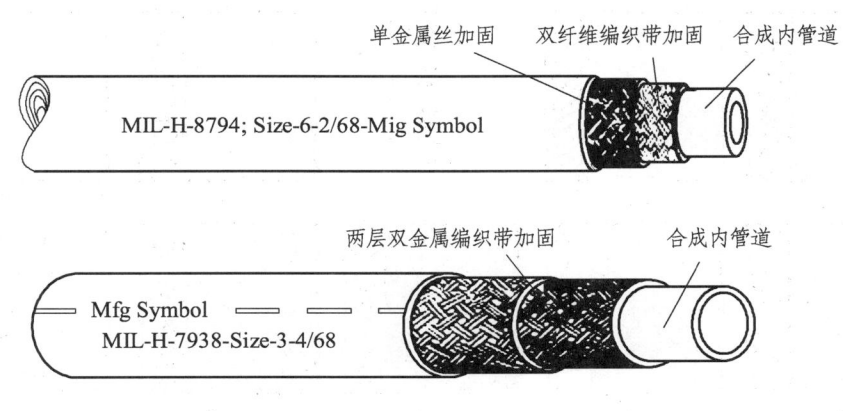

图 2-1 软管构造图

（1）低压。低于 250 psi 纤维编织加固。

（2）中压。压力达到 3 000 psi 一层金属编织加固。

较小尺寸软管可承压 3 000 psi。

较大尺寸软管可承压 1 500 psi。

（3）高压。压力达到或超过 3 000 psi 多层金属编织加固。

使用时间标识：在软管的表面一般有制造日期。橡胶软管的使用年限一般比较短，内管材料成形后随着时间的延长会变硬、变脆。特别注意软管的使用年限是以制造日期开始计算的，而不是从安装到飞机上来计算的。所以在更换软管时要注意软管的有效使用期还剩下多少。

另外在软管的外面还有一些线条、字母、数字等组成的标记，这些标记表达一些数据，如软管的尺寸、制造厂家、制造日期以及适用的压力和温度极限等。

三、管路标识

维修人员在进行飞机管路维护时,必须正确识别管路标记,以便采取相应的保护措施,防止设备损坏或人员伤害。

载运介质标识主要是指我们看见管子上的标识就知道这个管子里面输送的是何种介质。

欧美标识主要是看管路接头附近的标识带,标识带的主标颜色和附标的图案代表管路里面是何种东西(见图2-2)。

其他标志还有例如对特殊功能的进一步标识:例如 DRAIN(排泄)、RETURN(回油等),在燃油管路上也可能会标识 FLAM(易燃)字样。

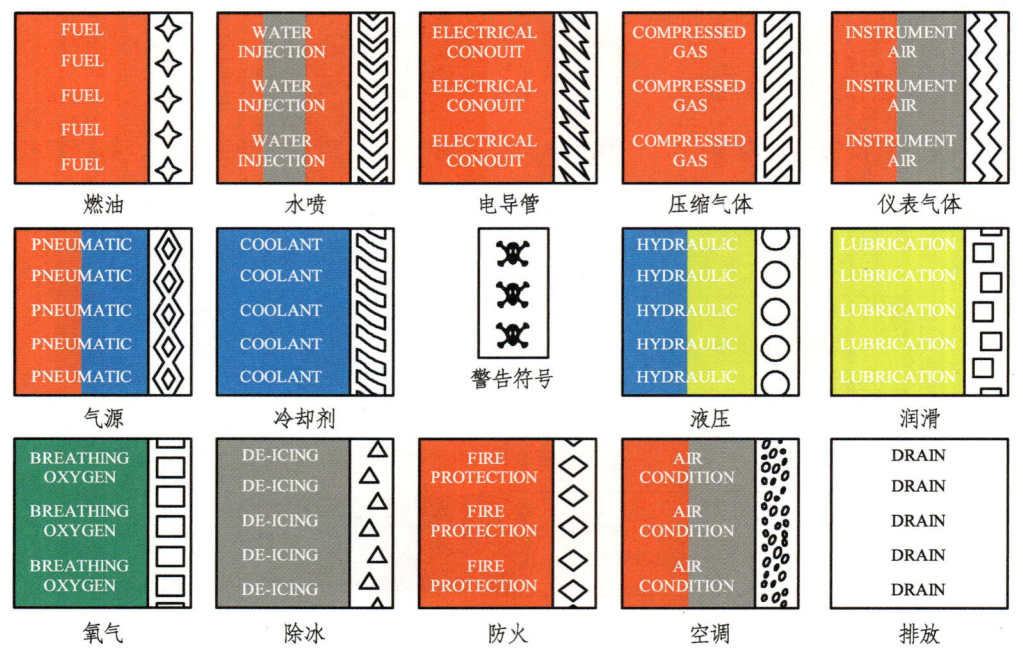

图 2-2 管路标识

四、管路接头

(一)喇叭口接头

喇叭口接头由喇叭口、管螺母、衬套组成(见图 2-3),在螺帽内装衬套介于螺帽与管子之间,当螺帽转动时,衬套附着管子不动,因此螺帽不致直接与管子相摩擦,这样可以保证管端不受损伤,管子的工作寿命可以延长。这种连接方式适用于中、低压管路系统。

AC 和 AN 喇叭口如图 2-4 所示,两者的差别见表 2-1。

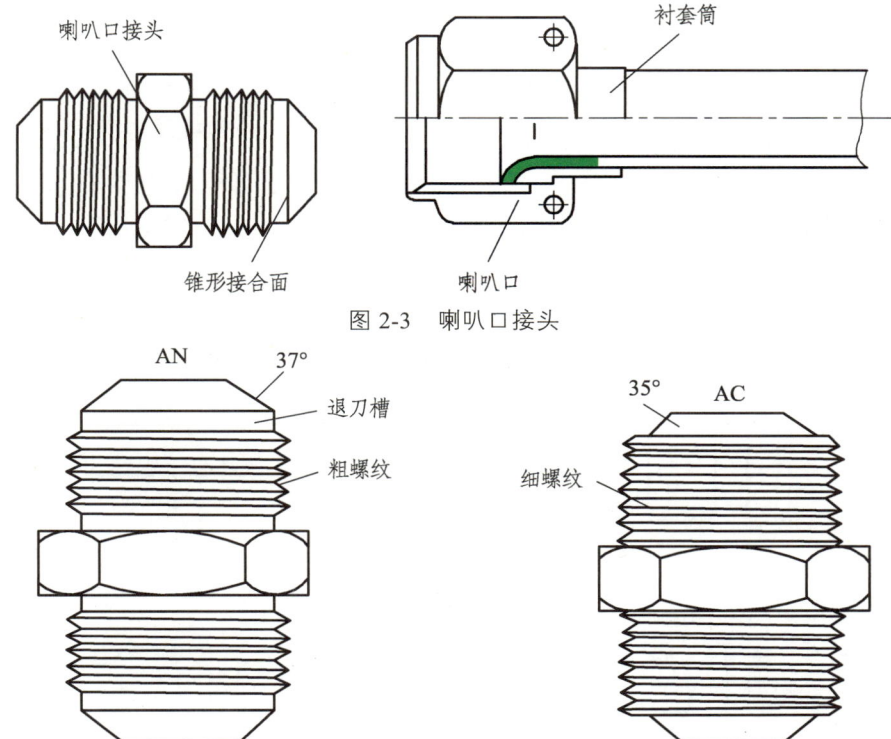

图 2-3 喇叭口接头

图 2-4 AC 和 AN 喇叭口接头的差别

表 2-1 AC 和 AN 接头的差别

特征	AN	AC
角度	37°	35°
退刀槽	有	无
螺纹	较粗	较细
颜色	蓝和黑	灰和黄
立体长度	较长	较短

（二）无喇叭口接头

无喇叭口接头由管口、接头、管螺母、衬套组成，适用于中、高压管路系统（见图 2-5）。

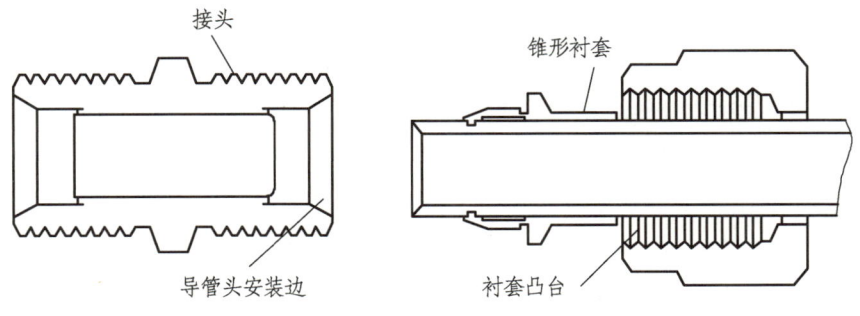

图 2-5 无喇叭口接头

(三)波形接头

波形接头一般是用一段软管连接两个硬管(见图 2-6)。这种接头的特点是连接时要求较低,并且能够在一定程度上降低振动的传递。波形接头与软管的连接器常用于连接滑油、冷却剂和低压燃油系统的管路。

波形接头管路如有渗漏,一般通过拧紧管夹即可修复。

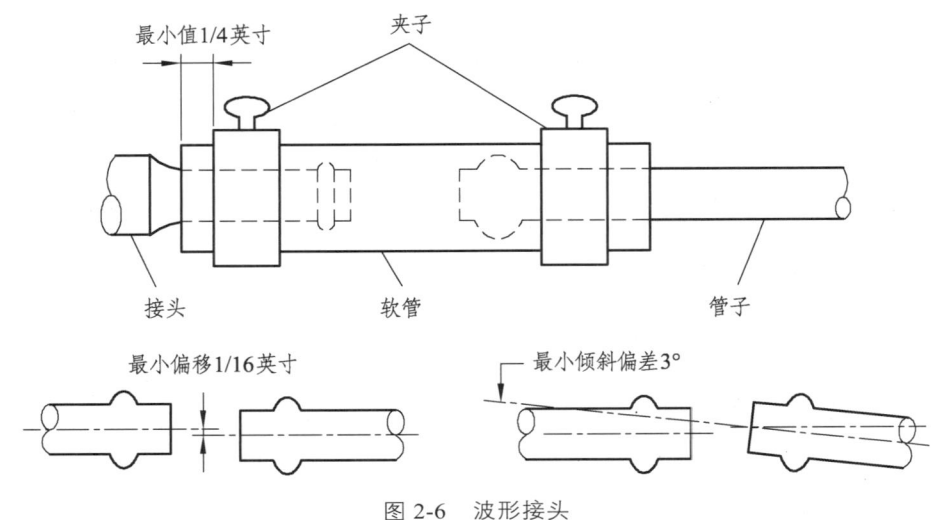

图 2-6 波形接头

(四)快卸接头

快卸接头由两个接头和内部弹簧控制活门组成(见图 2-7),适用于高、中、低压管路系统。主要优点是在维护过程中拆卸不用放液体,因为只要拆开接头,接头的活门就自动关闭,连接的时候只要接头安装到位活门就打开。快卸式接头管路如有渗漏,须通过修理活门来修复。

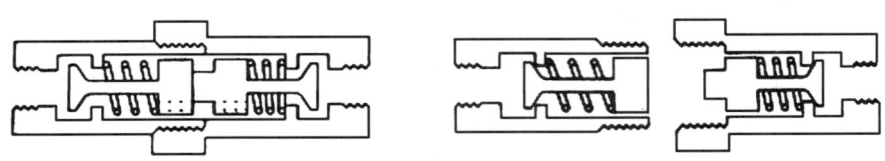

图 2-7 快卸接头

(五)软管的接头

挤压式接头:接头不可更换,一次加工成型,质量较高,适用于大飞机,如图 2-8 所示。

装配式接头:接头可以更换,人工组装成型,质量由加工者的技术决定,适用于小飞机,如图 2-9 所示。

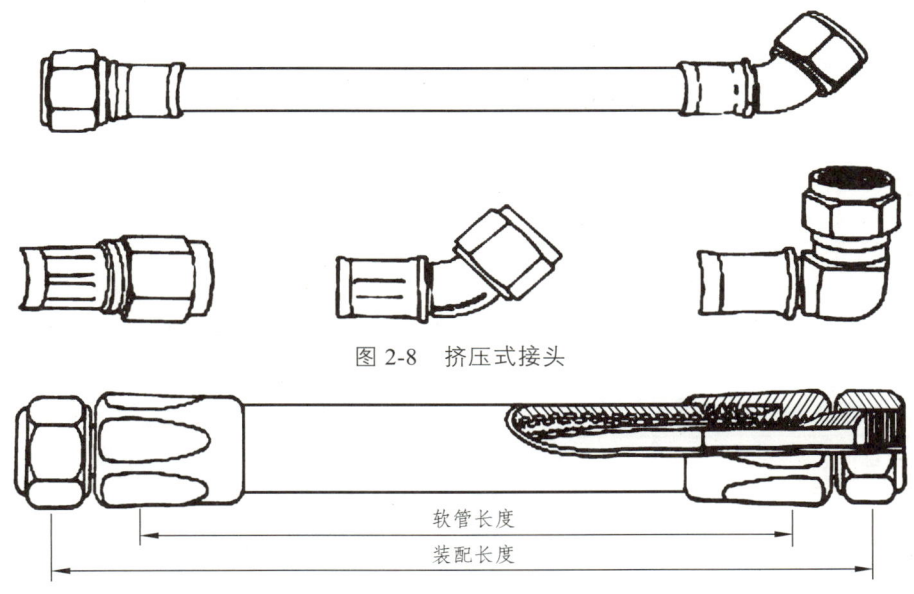

图 2-8 挤压式接头

图 2-9 装配式接头

安全管理

1. 拆卸管路前一定要先释放系统压力，拆装管路时不能损坏管路。

2. 保持管路原来的形状和安装位置不变、管路口及外表清洁无异物。否则极易导致管路错装、漏油等故障后患。

3. 必要的安全准备，相关系统停止工作，释放系统压力，尤其是液压系统。

4. 管道剩余压力的释放要求：用抹布或同等物品包扎，防止油液或气体喷溅，并用容器收集油液，保持工作环境干净。

工作时需严格遵守液压系统安全规范（人身安全防护、液压油使用规范等）。

5. 工作过程中不得使用液压油接触眼睛和皮肤，若发生意外，立即使用大量清水冲洗并及时就医。

任务实施

实施说明：围绕航空紧固件拆装与保险共有四个任务，分别是：喇叭口制作，B737-500飞机硬、软管路拆装检查，TB20飞机硬、软管路施工，非喇叭口硬管拆装检查及制作，请同学们按照任务工卡完成任务。

工作任务 5　喇叭口制作

工作编号：		工作名称：喇叭口制作	
实训课时：120 分钟		工作日期：	工作地点：

1. 工作说明。

管路是飞机上常见的零部件，主要用于传输液压油、燃油、滑油、空气、水等。管路常常使用接头进行连接。

2. 工作前准备。

准备项目	准备工作	完成签署	检查签署
工具和设备	开口扳手、套筒、十字螺丝刀、套筒、棘轮扳手、板头、力矩扳手、接油盘、弯管工具、切管工具、喇叭口制作工具、30 psi 以上的测试泵或气源等		
劳保用品	护目镜、手套、润滑油剂、管道、管衬套等		
注意事项	（1）确保所有起落架都安装了安全销。没有安全销，起落架收回会导致人员受伤，设备损坏。 （2）如果不安装拆下的机轮组件，则需放气轮胎，以防止运输过程中充气轮胎爆炸。 （3）如果机轮组件没有损坏，可以接受放气时在轮胎中留下大约 50 psi（345 kPa）或 25% 的余压。在轮胎中留下大约 50 psi（345 kPa）或 25% 的余压可以防止机轮组件运输时对轮胎的损坏。 正确使用千斤顶和机轮、刹车拆装专用工具，防止压伤人或设备		
授权	获得指导老师工作授权（必检）		*

3. 操作。

系统准备及设置	工作者签署	检查签署
（1）识别图 1 中的管路标签。		
（2）对指定的喇叭口硬管拆装检查及制作（图 2-10）。		
① 按以下程序拆除 1 根喇叭口硬管。 **提示：需佩戴橡胶手套、护目镜。**		
a. 对地面泵打压力 30 psi（0.2 MPa）并保持 1 min，全面检查有无渗漏。		
b. 释压、并挂勿动牌。		
c. 记录被拆管路及管卡子。		

续表

系统准备及设置	工作者签署	检查签署
d. 放好接油盘在所拆管路下方,以便接住管路余油。		
e. 拆下管卡子。 **提示:** 拆下的管卡子要储存好,可以用胶带缠绕在管子上,也可以用螺钉带在结构上。		
f. 按正确方向拧松管螺帽并取下管子(图 2-11)。 **提示:** 拆卸管螺帽时,需使用两把开口扳手,一把固定管接头,另一把松开管螺帽。		
g. 正确安装所有堵盖,避免系统受杂质污染。		
h. 拆下的管路需挂可用标签,并放在指定地方(上述标签)。 **提示:** 拆下的零部件需摆放整齐,不能叠放;及时用抹布擦掉滴落在结构或地面上的油液。		
② 管路检查并清洁。		
a. 目视检查硬管接头密封是否完好;硬管是否有压坑、擦伤、变形、裂纹、腐蚀;管螺帽、衬套、接头及螺纹是否有变形、裂纹和损伤。 检查结果:		
b. 正确清洁管螺帽、接头螺纹、衬套、管道内、外壁。 (口述清洁过程)		
c. 对管路接头及相关螺纹进行润滑,并放在指定位置封存。 **提示:** 润滑要均匀,除非手册另有说明,润滑剂选用与管路中流动的液体一致。若使用指定牌号润滑剂,润滑剂不允许进入管道内腔。		
③ 对指定管路进行制作。		
A. 磨平两端长度为(304±1)mm 的管路(图 2-12)。		
a. 选取长度不小于 320 mm 的毛坯管路,将管路夹具放到虎钳上,并选择合适尺寸夹住管路。		
b. 用锉刀磨平管口的一端。		
c. 用内孔铰刀去除管口毛刺(图 2-13)。 **提示:** 管子壁厚不能受到损伤。		
d. 用细砂纸打磨管口,并用毛刷清扫金属屑。 **提示:** 需戴护目镜,不能用嘴吹金属屑,以免飞入眼里。		
e. 取下管路,以管路磨平的一端为基准,分别量取 304 mm、305 mm 长度,并做标记线。		
f. 安装管路到夹具,用切管器切割管路长度为 305 mm。 **提示:** 切割时,需朝切管器的开口面旋转,切管器每转一圈,进刀量拧紧 1/8~1/4 圈,管路不能出现明显压扁。		
g. 重复上面 b~d 步骤磨平管路到(304±1)mm,取下管路。		

续表

系统准备及设置	工作者签署	检查签署
B. 弯管。		
a. 选取管路的中间位置（152±0.5）mm 进行标记，把管子放入弯管器里，使标记线靠近弯管器 45°线左侧约 1 mm。		
b. 用弯管器进行弯管 90°±2°。 **提示**：弯管时，力度要均匀一致，为了防止弹性恢复，需弯曲管路至 90°与邻近右刻度的中间位置；弯管后左右尺寸大体一致，角度满足要求，无褶皱和明显压扁现象。		
C. 制作管路喇叭口（图 2-14）。		
a. 在管子上按正确方向套上合适大小的管螺帽及衬套，并用夹具夹住管子。 **提示**：管子需漏出夹具上表面约 1.5 mm。		
b. 擦拭干净工具锥头，并在锥头上均匀涂抹润滑油。		
c. 旋转锥头手柄，挤压出管路一边喇叭口。 **提示**：旋转手柄时，力度要均匀一致；喇叭口成形后直径约（12±0.5）mm。		
d. 取下管子，检查喇叭口。 **提示**：喇叭口内光滑均匀、无明显偏斜、裂纹、挤压痕迹、划痕，喇叭口尺寸合格，边缘需高于衬套上表面（图 2-15）。		
e. 重复上面 a～d 步骤制作管路另一边喇叭口。		
f. 用专用清洁剂或管内流动液体清洁管道，并用氮气吹干。 **提示**：清洁后，确保管内无金属屑。（口述清洁过程）		
④ 对管路接头及相关螺纹进行润滑。 **提示**：润滑要均匀，除非手册另有说明，润滑剂选用与管路中流动的液体一致。若使用指定牌号润滑剂，润滑剂不允许进入管道内腔。		
⑤ 安装管路。		
a. 将硬管与接头对中，并用手拧紧管螺帽。		
b. 用工具按正确方向拧紧管螺帽。 **提示**：安装管螺帽时，需使用两把开口扳手，一把固定管接头，另一把拧紧管螺帽。		
c. 对管螺帽施加（125±5）lb·in 的力矩值。 实测力矩值为： **提示**：力矩扳手使用前需检查标签及有效期、单位、量程，正确设置力矩值，板头与力矩扳手要垂直，并正确操作力矩扳手。		
d. 按指定顺序安装管路卡子。		
⑥ 管路渗漏测试。		
a. 清洁硬管及接头表面，恢复相关系统。		

续表

系统准备及设置	工作者签署	检查签署
b. 对地面泵打压力 30 psi（0.2 MPa）并保持 1 min 后，检查无渗漏。 检查结果： **提示**：渗漏检查时，可用抹布擦拭管路及接头，以便发现轻微渗漏。		
（3）对指定的软管拆装及检查。		
① 按以下程序拆除 1 根软管。 **提示**：需佩戴橡胶手套、护目镜。		
a. 对地面泵打压力 30 psi（0.2 MPa）并保持 1 min，全面检查有无渗漏。		
b. 释压、并挂勿动牌。		
c. 记录被拆管路及卡子走向。		
d. 放好接油盘在所拆管路下方，以便接住管路余油。		
e. 拆下管卡子。 **提示**：拆下的管卡子要储存好，可以用胶带缠绕在管子上，也可以用螺钉带在结构上。		
f. 按正确方向拧松管螺帽并取下管子。 **提示**：拆卸管螺帽时，需使用两把开口扳手，一把固定管接头，另一把松开管螺帽。		
g. 正确安装所有堵盖，避免系统受杂质污染。		
h. 拆下的管路需挂可用标签，并放在指定地方（上述标签）。 **提示**：拆下的零部件需摆放整齐，不能叠放；及时用抹布擦掉滴落在结构或地面上的油液。		
② 管路检查并清洁。		
a. 目视检查软管接头密封面、软管外套和接头螺纹，确保无损伤 检查结果：		
b. 正确清洁管螺帽、接头螺纹、衬套、管道内、外壁。 （口述清洁过程）		
c. 对管路接头螺纹进行润滑。 **提示**：润滑要均匀，除非手册另有说明，润滑剂选用与管路中流动的液体一致。若使用指定牌号润滑剂，润滑剂不允许进入管道内腔。		
③ 安装管路。		
a. 将软管与接头对中，并用手拧紧管螺帽。		
b. 用工具按正确方向拧紧管螺帽。 **提示**：安装管螺帽时，需使用两把开口扳手，一把固定管接头，另一把拧紧管螺帽。		

续表

系统准备及设置	工作者签署	检查签署
c. 对管螺帽施加（90±5）lb·in 的力矩值。 实测力矩值为： **提示**：力矩扳手使用前需检查标签及有效期、单位、量程，正确设置力矩值，板头与力矩扳手要垂直，并正确操作力矩扳手。		
d. 按指定顺序安装管路卡子。		
④ 管路渗漏测试。		
a. 清洁软管及接头表面，恢复相关系统。		
b. 对地面泵打压力 30 psi（0.2 MPa）并保持 1 min 后，检查无渗漏。 检查结果： **提示**：渗漏检查时，可用抹布擦拭管路及接头，以便发现轻微渗漏。		

图 2-10　喇叭口硬管拆装示意

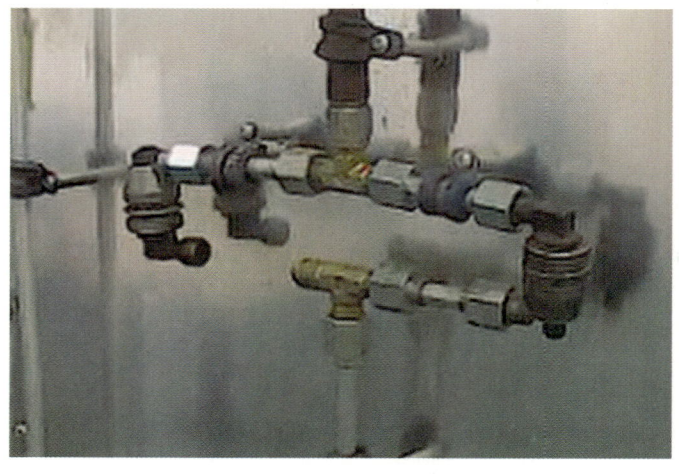

图 2-11　硬管拆卸示意

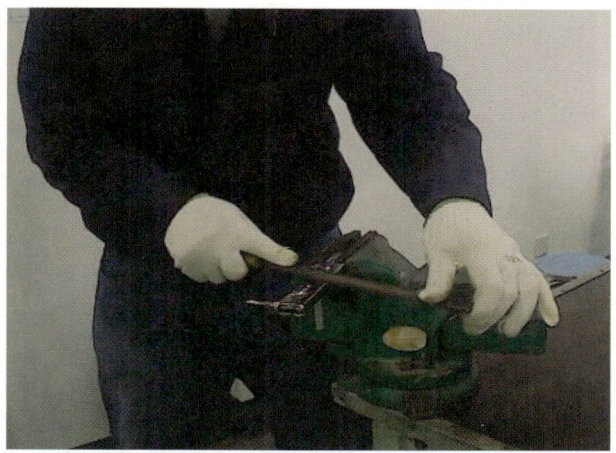

图 2-12　用锉刀磨平管路

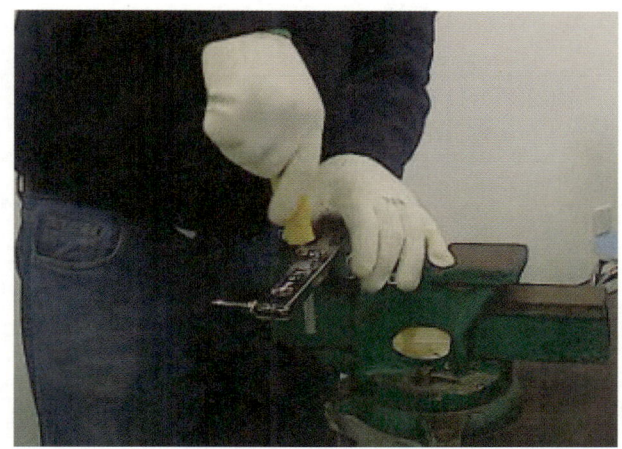

图 2-13　内孔铰刀去除毛刺

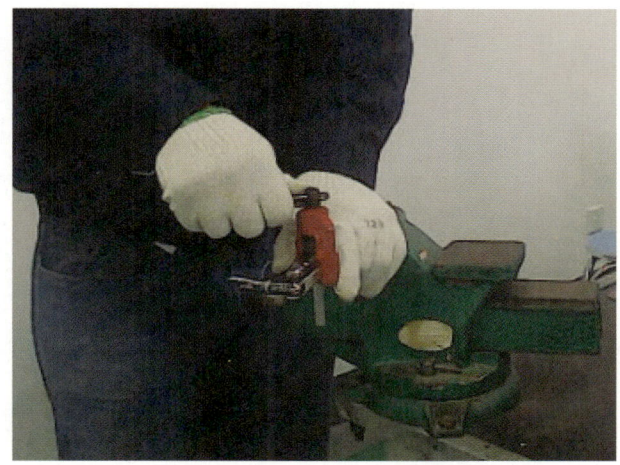

图 2-14　制作管路喇叭口示意

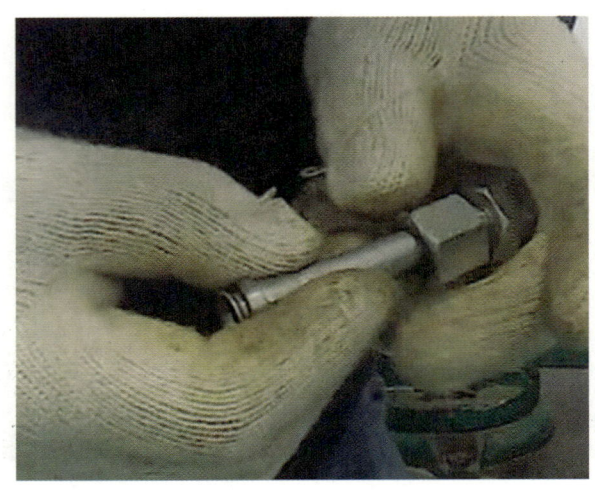

图 2-15　喇叭口示意

4. 完工状态。

工作结束后的检查和场地恢复	工作签署	检查签署
（1）检查各个指定位置保险装置安装的状态，避免出现错装、漏装的现象		
（2）清点、检查工具的状态和数量，并将工具归还至指定位置		
（3）清点、检查剩余的耗材，并将其归还至指定位置		
（4）检查、清理工作场地，确保工作场地中没有遗留任何多余物		
（5）获得指导教师完工签署		*

工作任务 6　B737-500 飞机硬、软管路拆装检查

工作编号：	工作名称：B737-500 飞机硬、软管路拆装检查	
实训课时：90 分钟	工作日期：	工作地点：

1. 系统了解。
液压系统在 TAT100 体系中章节号为_____。
2. 翻译如下液压系统的描述（节选自波音 737-500AMM 手册）。

A central ground servicing station is located in the right main gear wheel well on the lower outboard forward bulkhead. Hydraulic fluid is added to the reservoirs of all three systems from this station. A fill valve selects which reservoir(s) will receive fluid. Port A selects system A reservoir. Port B selects the standby and system B reservoirs. Quantity indicators at systems A and B reservoirs show fluid level. Fluid can be added under pressure from a ground service cart or with the manual fill pump installed at the servicing .

3. AMM 手册中找到关于标准力矩值的章节号_____。
4. 工作前准备。

准备项目	准备工作	完成签署	检查签署
工具和设备	英制通用工具箱、1 m 工作梯、开口扳手 7/8、开口扳手 1，力矩扳头 11/16，力矩扳头 7/8，力矩扳手（0～50 N·m）、接油盘		
劳保用品	液压油（LD-4）、橡胶手套、纸胶带、护目镜		
注意事项	（1）管路拆装中必须佩戴护目镜和橡胶手套，防止油液伤到眼睛和手。 （2）油液滴落到飞机其他部位及地面上，需及时擦除，以免造成损坏。 （3）管路应按照规定力矩值进行安装		
授权	获得指导老师工作授权（必检）		*

5. 操作。

操作流程	工作者签署	检查签署
（1）硬管拆卸（图2-16）。 **警告**：参考相应的维护说明，从系统中释放所有压力。如果没有释放压力，就会发生伤害或损坏。 **警告**：不要在氧气管上使用此程序。当氧管内的油脂、污垢或其他易燃物质暴露在充氧气体中时，可能会点燃并引起爆炸。火灾或爆炸会造成人员伤害和设备损坏。		
① 如有必要，将油管上的支撑夹子和相邻管路上的支撑夹子取下来。		
② 如有必要，松开相邻的管路和卡子。 **警告**：确保每个管道和端口连接件都有标签，以识别正确的安装位置。如果没在管道和端口连接件上贴标签，管道在安装过程中可能会发生错位连接。如果管子是错位连接的，意外操作或飞机系统故障可能造成人员伤害和设备损坏。		
③ 当拆卸管道时，确保管道和端口连接件有标识，标明正确的连接位置。		
④ 从飞机上拆下管路组件。 **注意**：用堵盖密封液压管路和接头。污垢或不需要的材料可能会导致液压管路污染，系统组件损坏，并可能发生液压油泄漏。 清除掉落在飞机表面的液压油。液压油可能会损坏飞机。		*
⑤ 将保护堵盖安装在管路组件及对应连接件上。		
（2）硬管安装（图2-16）。 **警告**：不要在氧气管上使用此程序。当氧气管中的油脂、污垢或其他易燃材料暴露在高压氧气下时，可能会点燃并引起爆炸。火灾或爆炸会对人员和设备造成伤害。		
① 检查管端和接头是否有缺陷或污染，这些缺陷或污染可能在安装过程中对密封产生影响。查找管子上的磨损区域和凹痕。更换相应缺陷的部件。		
② 润滑衬套和接头（图2-17）。 采用适用于系统的螺纹润滑剂。在安装之前，立即将螺纹润滑剂完全涂在非喇叭口衬套的外螺纹、凸肩和锥形密封表面上。 **提示**：不要在管的内部或接头孔中涂抹螺纹润滑剂。在组装驱动润滑B型螺母时，不要使用螺纹润滑剂。		
③ 把管子放到位，让管卡保持宽松，以便将管与接头对齐。		
④ 确保不要在修理接头的位置卡紧管子。 **提示**：卡子的尺寸是根据标准管径设计的。如果一个修理模被卡住，卡子可以移动离开均匀的表面，因为管子可以移动或弯曲。		

续表

操作流程	工作者签署	检查签署
⑤ 检查标签，确保管道与正确的接头孔对齐。 **警告**：不要在氧气系统管路中使用钛合金接头。钛合金接头会引起火灾或使人受伤。		
⑥ 用手对准管子和接头，将管端放在接头底部。		
⑦ 在底部握住管端，对准接头。用手拧紧 B 型螺母，直到 B 型螺母接触到衬套凸肩。		
⑧ 用扳手卡住管接头，并拧紧管路。然后将 B 型螺母拧紧到规定的力矩值（270±14）lb·in[（31±2）N·m]（图 2-19、2-20）。 **提示**：不要用 B 型螺母强行对准管子，或让 B 型螺母压到底部。		*
⑨ 用手把用扳手无法拧到的螺母拧紧。拧紧直到力矩增加。然后拧紧螺母至少 1/6～1/3 圈（1 个或 2 个六角面）。 **注意**：卡子必须始终紧固。这有助于防止管和卡子表面不必要的材料和污染。这些表面尽可能保持清洁是非常重要的，以防止磨损。		
⑩ 拧紧所有管卡子。		
⑪ 确保不要在修理接头位置卡住管子。 **提示**：卡子的尺寸是根据标准管径设计的。如果一个修理模被卡住，卡子可以移动离开均匀的表面，因为管子可以移动或弯曲。		
⑫ 如果你断开了不止一个液压管，并且你认为有可能是没有正确地连接这些管子，请进行操作检查。 **注意**：请自行判断是否需要检查。 对连接管的一个或多个部件进行安装后测试，作为检查。		
⑬ 如果你断开电线以连接液压管，而你认为有可能是连接不正确或交叉连接了线路，请进行操作检查。 **注意**：请自行判断是否需要检查。 对系统中的一个或多个部件进行安装后测试，作为线路检查。		
⑭ 做泄漏测试： 给系统加压至少 15 min。 系统增压后，用干净的白布擦拭管道和接头以发现泄漏。 **提示**：如果发现有泄漏，可将管重新紧固到力矩的上限值。如果在随后的泄漏测试中发生泄漏，必须更换相应的部件。		
（3）软管拆卸（图 2-18）。 **注意**：将软管和接头装上堵盖。管道开口会导致污染进入系统，并导致液体泄漏。污染会对系统部件造成损坏，液体泄漏会造成腐蚀。		
① 在软管组件和对应连接上安装堵盖。 **提示**：在软管再次连接到系统之前，堵盖可以防止湿气和不需要的材料进入管内。		

操作流程	工作者签署	检查签署
② 拆卸软管。 如果一个编织物中有两根或多根线丝断裂，或有几根线丝集中断裂，则不要使用此软管。		
③ 如有必要，拆下卡子。		
（4）软管安装（图 2-17）。		
① 在软管安装之前，对软管组件进行目视检查，以确定其状况。		
② 检查软管、接头、密封面和外表面是否有损坏。		
③ 如果发现外表面有断线，请做以下操作： 在隔离或随机断丝的软管上贴上标签。 **注意：这是为了识别软管，以备将来的检查。**		
④ 如果一个编织物中有两根或多根线丝断裂，或有几根线丝集中断裂，则不要使用此软管。		
⑤ 确保所有连接件清洁无缺陷。		
⑥ 按需润滑外螺纹。		
⑦ 将软管放到位，并用手拧紧接头。		
⑧ 检查对齐和长度安装是否正确。 **注意：检查软管侧面的标记线。标记线将显示软管是否出现扭曲。如果软管有扭曲，可能在正常时间之前发生软管失效或软管接头泄漏（图 2-19）。**		
⑨ 拧紧管接头端。参考 PAGEBLOCK 20-50-11/201 到正确的扭矩值（270±14）lb·in [（31±2）N·m]。		
⑩ 用手将力矩扳手无法拧到的螺母拧紧。紧固直到力矩增加。然后拧紧螺母至少 1/6 到 1/3 圈（一个或两个六角面）。		
⑪ 拧紧管路端（PAGEBLOCK 20-50-11/201）到正确的力矩值（270±14）lb·in [（31±2）N·m]。使用两个扳手防止软管扭曲。 **注意：拧紧卡子后，确保软管与相邻结构之间有足够的间隙。如果间隙不够，软管会接触到相邻的结构。在正常时间之前，可能会导致磨损区域或软管失效。**		
⑫ 必要时软管上安装卡子。		
⑬ 做泄漏测试： 给系统加压至少 15 min。 系统增压后，用干净的白布擦拭管道和接头以发现泄漏。 **提示：如果发现有泄漏，可将管重新紧固到力矩的上限值。如果在随后的泄漏测试中发生泄漏，必须更换相应的部件。**		

图 2-16 硬管拆装示意

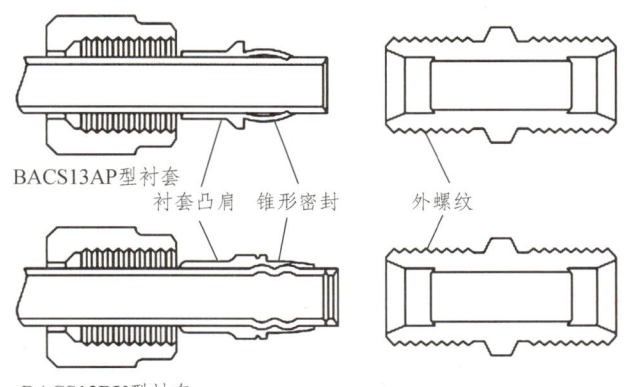

图 2-17 衬套和接头示意

图 2-18 软管拆装示意

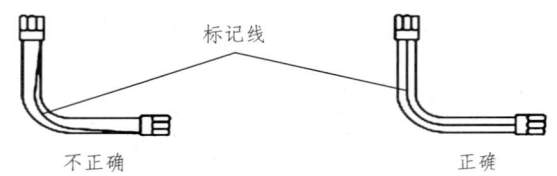

图 2-19 软管侧面的标记线示意

6. 完工状态。

工作结束后的检查和场地恢复	工作签署	检查签署
（1）检查各个指定位置保险装置安装的状态，避免出现错装、漏装的现象		
（2）清点、检查工具的状态和数量，并将工具归还至指定位置		
（3）清点、检查剩余的耗材，并将其归还至指定位置		
（4）检查、清理工作场地，确保工作场地中没有遗留任何多余物		
（5）获得指导教师完工签署		*

工作任务 7　TB20 飞机硬、软管路施工

工作编号：	工作名称：TB20 飞机硬、软管路施工	
实训课时：90 分钟	工作日期：	工作地点：

1. 系统了解。
液压系统在 TAT100 体系中章节号为_____。
2. 翻译如下液压系统的描述（节选自波音 737-500AMM 手册）。

During the construction of aircraft pipelines, pressure testing is required to ensure the tightness and pressure resistance of the piping system. The pressure test includes water pressure test and air pressure test. The relevant regulations and requirements should be followed during the test to ensure the accuracy and reliability of the test results.

3. AMM 手册中找到关于标准力矩值的章节号_____。
4. 工作前准备。

准备项目	准备工作	完成签署	检查签署
工具和设备	用工具箱（英制），力矩扳，开口扳头一套、开口扳手一套		
劳保用品	护目镜、胶手套、棉手套、抹布、保险丝		
注意事项	（1）佩戴胶手套，防止油液损伤皮肤。 （2）佩戴护目镜，防止油液滴入眼睛。 （3）拆卸管路接头下方放置接油盘或铺垫毛巾，防止油液损伤设备		
授权	获得指导老师工作授权（必检）		*

5. 操作。

操作流程	工作者签署	检查签署
（1）TB20 飞机上指定位置，拆卸软/硬管。		
① 确定发动机启动手柄在关闭位置并挂警告牌。		
② 拆下发动机整流罩。		
③ 脱开软管接头并取下软管。 注意：拆卸管路前一定要先释放系统压力，拆装管路时不能损坏管路。 注意：拆装之前记录管路的铺设走向，管接头附近做好标记，防止装错。 警告：准备适量的抹布、容器、相应油液的清洁剂。防止油液洒落、腐蚀其他部件，对已经洒落的油液及时清理。 注意：保持管路原来的形状和安装位置不变、管路口及外表清洁无异物。否则极易导致管路错装、漏油等故障后患。 注意：如果无任何损伤，螺帽、管接头都可以重复使用，否则更换；拆下的封圈应将其剪断，以免误用。		
④ 检查软管及接头，封堵接头。检查内容包括：件号及使用压力等级是否合适；接头及接头处封圈外观检查；防磨层是否存在磨损、起鼓、褶皱；金属层有无断丝等。安装前，目视检查软管密封面、软管外套和接头螺纹是否有损伤，确保软管及接头完好，确保软管清洁、未受污染。 若发现软管外套断丝，按以下程序处理： a. 在软管断丝处做上标记，便于工作检查； b. 如果一个平面出现两根以上断丝或有几根断丝出现在一个集中区域，更换该软管。		
⑤ 脱开硬管接头并取下硬管。 注意：拆卸管路前一定要先释放系统压力，拆装管路时不能损坏管路。 注意：拆装之前记录管路的铺设走向，管接头附近做好标记，防止装错。 警告：准备适量的抹布、容器、相应油液的清洁剂。防止油液洒落、腐蚀其他部件，对已经洒落的油液及时清理。 注意：保持管路原来的形状和安装位置不变、管路口及外表清洁无异物。否则极易导致管路错装、漏油等故障后患。 注意：如果无任何损伤，螺帽、管接头都可以重复使用，否则更换；拆下的封圈应将其剪断，以免误用。		
⑥ 检查硬管及接头，封堵接头。对管路安装所涉及的所有部件均需目视检查，如管路、管接头、连接法兰、管夹、封圈、垫片等，要求外表完好无损。检查管路及接头组件密封是否完好。仔细检查管路是否有压坑和擦伤。管路无变形或裂纹，管螺帽、衬套和管接头无裂纹，管螺帽和管接头的螺纹无损伤。		*

续表

操作流程	工作者签署	检查签署
（2）实施软管安装（图2-20）。		
① 软管对齐接头并用手拧紧管螺帽。		
② 确认软管正确排列和合适的长度。保证有5%~8%的松垂度。		
③ 在AMM手册ATA20章查找合适的力矩，给软管接头磅力矩。给螺帽磅力矩时，需要用一把扳手固定管路接头。		
④ 使用力矩扳手无法接近管接头螺帽时，先用手指拧紧管接头螺帽后，再用扳手再拧紧1/6~1/3圈（图2-21）。		
⑤ 拧紧接头必须用两把扳手，防止管路的扭曲。根据软管的指示线判定管路是否扭曲，管路的扭曲将导致软管失效或接头泄漏（图2-22）。		
⑥ 根据需要安装管卡子。		
⑦ 确认新软管的松垂度、挠曲、扭曲、弯曲、间隙和支撑符合规范的要求；（图2-23、图2-24）。		
⑧ 清洁软管及接头表面。恢复相关系统，按相关要求进行渗漏测试。渗漏检查时，先用毛巾擦拭软管及接头，对系统增压15 min以上，观察是否有渗漏。若发现渗漏，须查找原因并排除故障（图2-25）。		
（3）按图2-26连接硬管，按照力矩对照表给接头设置力矩。当使用力矩扳手无法接近管接头螺帽时，可用如下方法（控制力矩）进行非喇叭口管道的安装：用手指拧紧管接头螺帽后，用扳手拧紧1/6~1/3圈。		*
（4）安装发动机整流罩。		

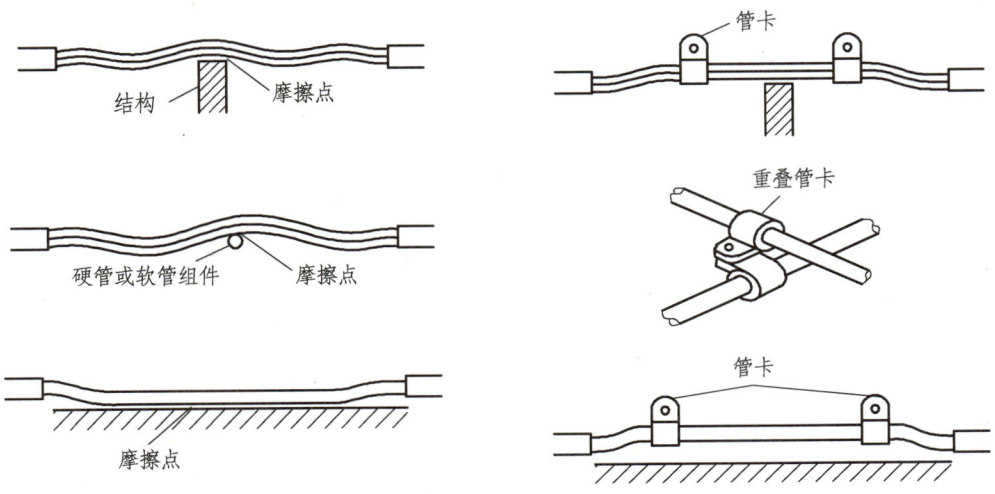

图2-20 软管安装示意

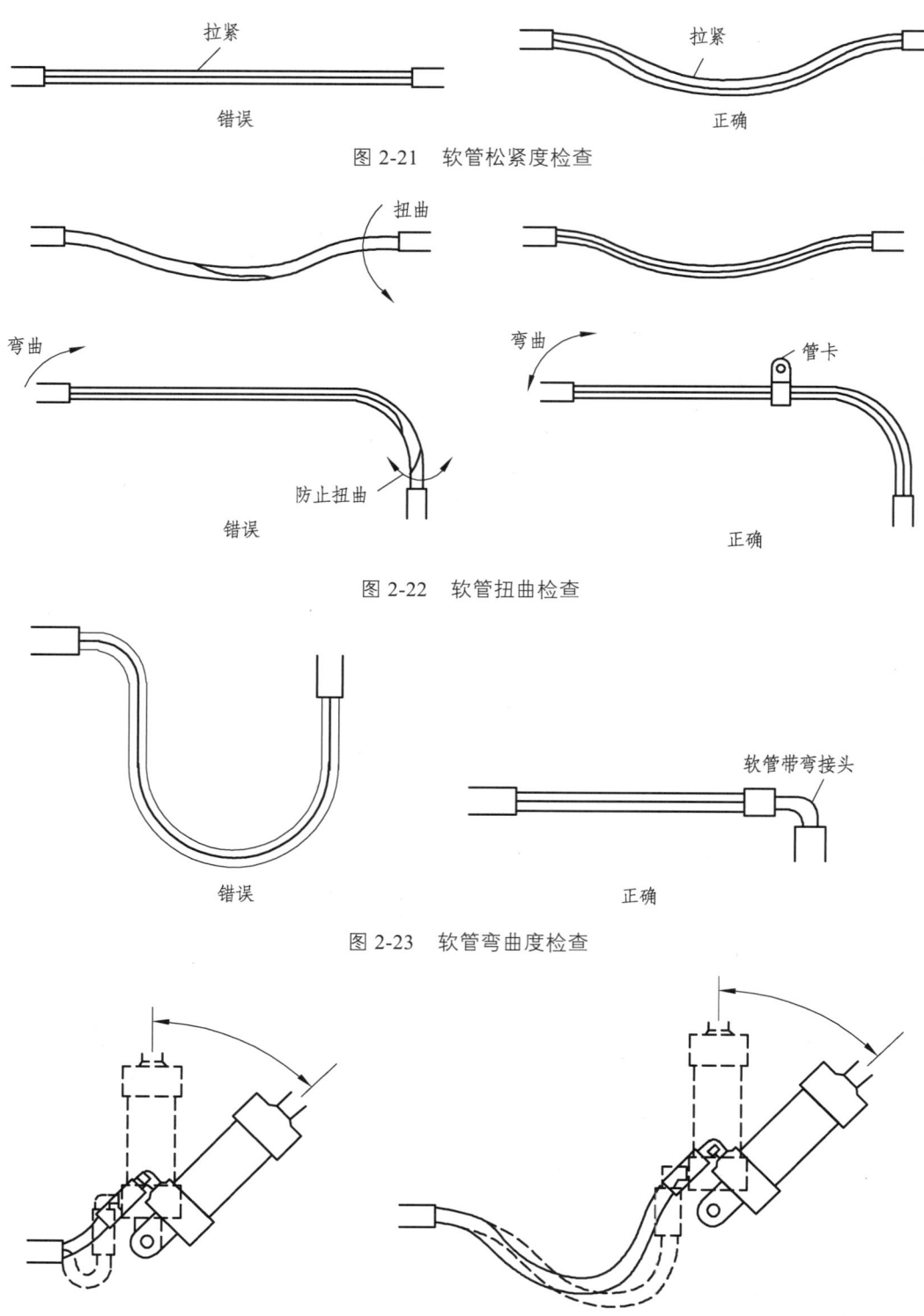

图 2-21　软管松紧度检查

图 2-22　软管扭曲检查

图 2-23　软管弯曲度检查

图 2-24　软管弯曲半径检查

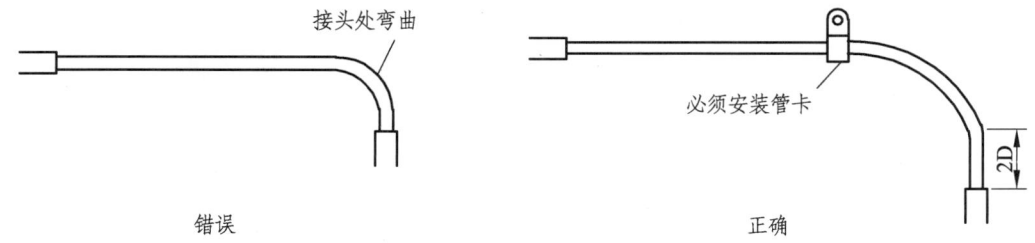

图 2-25　软管接头弯曲检查

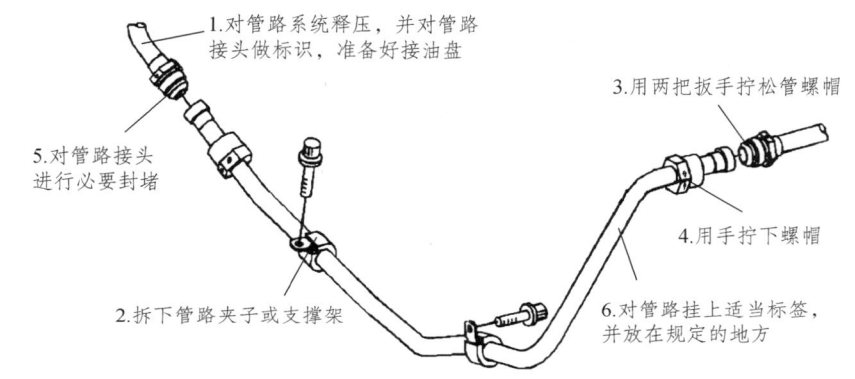

图 2-26　硬管安装示意

6. 完工状态。

工作结束后的检查和场地恢复	工作签署	检查签署
（1）检查各个指定位置保险装置安装的状态，避免出现错装、漏装的现象		
（2）清点、检查工具的状态和数量，并将工具归还至指定位置		
（3）清点、检查剩余的耗材，并将其归还至指定位置		
（4）检查、清理工作场地，确保工作场地中没有遗留任何多余物		
（5）获得指导教师完工签署		*

工作任务 8 非喇叭口硬管拆装检查及制作

工作编号：	工作名称：非喇叭口硬管拆装检查及制作	
实训课时：120 分钟	工作日期：	工作地点：

1. 系统了解

标准施工在 ATA100 体系中章节号为_____。

2. 翻译如下标准施工的描述（节选自波音 737-500AMM 手册）：

J. Where fasteners are more than six inches apart, do not tie them in series unless tie points are provided on adjacent parts to shorten the wire span to less than six inches.

K. Use a right-handed twist for all double twist installations.

L. Safety-wire diameter shall be between 1/3 and 3/4 of the hole diameter, 0.032-inch diameter minimum.

M. Safety-wire 0.020 inch in diameter may be used if:

(1) The safety-wire hole is 0.045 inch diameter or smaller, or

(2) The spacing between parts is less than two inches and the safety wire hole diameter is between 0.045 and 0.062 inch diameter.

3. AMM 手册中找到关于硬管拆装施工章节号_____。

在 IPC 手册中找到关于硬管拆装施工章节号_____。

4. 工作前准备。

准备项目	准备工作	完成签署	检查签署
工具和设备	开口扳手、套筒、十字螺丝刀、套筒、棘轮扳手、板头、力矩扳手、接油盘、弯管工具切管工具、非喇叭口制作工具、30 psi（0.2 MPa）以上的测试泵或气源等		

续表

准备项目	准备工作	完成签署	检查签署
劳保用品	护目镜、手套、润滑油剂、管道、管螺帽、管衬套等		
注意事项	（1）线路施工注意静电防护； （2）热风枪使用注意防火		
授权	获得指导老师工作授权（必检）		*

5. 操作。

操作流程	工作者签署	检查签署
（1）对指定的非喇叭口硬管拆装检查及制作（图2-27）。 ① 按以下程序拆除1根非喇叭口硬管。 **提示：需佩戴橡胶手套、护目镜。** a. 对地面泵打压力30 psi（0.2 MPa）并保持1 min，全面检查有无渗漏。 b. 释压、并挂勿动牌。 c. 记录被拆管路及卡子走向。 d. 放好接油盘在所拆管路下方，以便接住管路余油。 e. 拆下管卡子。 **提示：拆下的管卡子要储存好，可以用胶带缠绕在管子上，也可以用螺钉带在结构上。** f. 按正确方向拧松管螺帽并取下管子。 **提示：拆卸管螺帽时，需使用两把开口扳手，一把固定管接头，另一把松开管螺帽。** g. 正确安装所有堵盖，避免系统受杂质污染。 h. 拆下管路需挂可用标签，并放在指定地方（上述标签）。 **提示：拆下零部件需摆放整齐，不能叠放；及时用抹布擦掉滴落在结构或地面上的油液。**		
② 管路检查并清洁。 a. 目视检查硬管接头密封是否完好；硬管是否有压坑、擦伤、变形、裂纹、腐蚀；管螺帽、衬套、接头及螺纹是否有变形、裂纹和损伤。 检查结果： b. 正确清洁管螺帽、接头螺纹、衬套、管道内、外壁。（口述清洁过程） c. 对管路接头及相关螺纹进行润滑，并放在指定位置封存。 **提示：润滑要均匀，除非手册另有说明，润滑剂选用与管路中流动的液体一致。若使用指定牌号润滑剂，润滑剂不允许进入管道内腔。**		

续表

操作流程	工作者签署	检查签署
③ 对指定管路进行制作。 　A. 磨平两端长度为（304±1）mm 的管路。 　a. 选取长度不小于 320 mm 的毛坯管路，将管路夹具放到虎钳上，并选择合适尺寸夹住管路。 　b. 用锉刀磨平管口的一端。 　c. 用内孔铰刀去除管口毛刺。 　**提示：管子壁厚不能受到损伤。** 　d. 用细砂纸打磨管口，并用毛刷清扫金属屑。 　**提示：需戴护目镜，不能用嘴吹金属屑，以免飞入眼里。** 　e. 取下管路，以管路磨平的一端为基准，分别量取 304 mm、305 mm 长度，并做标记线。 　f. 安装管路到夹具，用切管器切割管路长度为 305 mm。 　**提示：切割时，需朝切管器的开口面旋转，切管器每转一圈，进刀量拧紧 1/8～1/4 圈，管路不能出现明显压扁。** 　g. 重复 b～d 步骤磨平管路到（304±1）mm，取下管路。 　B. 弯管。 　a. 选取管路的中间位置（152±0.5）mm 进行标记，把管子放入弯管器里，使标记线靠近弯管器 45°线左侧约 1 mm。 　b. 用弯管器进行弯管 90°±2°。 　**提示：弯管时，力度要均匀一致，为了防止弹性恢复，需弯曲管路至 90°与邻近右刻度的中间位置；弯管后左右尺寸大体一致，角度满足要求，无褶皱和明显压扁现象。** 　C. 制作管路非喇叭口。 　a. 用台虎钳夹住非喇叭口管接头。 　**提示：可用软铝片或抹布周围保护管接头，以免台虎钳夹伤接头螺纹。** 　b. 在管子上套上合适大小的管螺帽及衬套。 　**提示：注意衬套的安装方向。** 　c. 用润滑剂润滑接头螺纹、衬套凸肩和锥形密封区域。 　d. 将硬管垂直伸入管接头内部直到底部端口，并用手将管螺帽与接头螺纹拧在一起，再用开口扳手轻轻拧紧螺帽。 　**提示：必须用手先带螺纹，否则先使用开口扳手可能会导致螺纹损坏。** 　e. 对螺帽施加力矩到 265 lb·in（30 N·m），用开口扳手松开、再次施加此力矩、再次松开及施加此力矩，重复三次来完成制作。 　f. 从接头上取下管子，检查非喇叭口。		

续表

操作流程	工作者签署	检查签署
提示：管路内径的缩减量不得超过 0.13 mm，无明显压扁现象，衬套允许有一点周向移动，但不允许任何轴向移动，衬套表面无刮痕、痕迹和其他缺陷。 g. 用内孔铰刀修整非喇叭口端面。 提示：管口端面须均匀平整。 h. 重复 a～g 步骤制作管路另一边非喇叭口。 i. 用专用清洁剂或管内流动液体清洁管道，并用氮气吹干。 提示：清洁后，确保管内无金属屑。（口述清洁过程）		
④ 对管路接头及相关螺纹进行润滑。 提示：润滑要均匀，除非手册另有说明，润滑剂选用与管路中流动的液体一致。若使用指定牌号润滑剂，润滑剂不允许进入管道内腔。		
⑤ 安装管路。 a. 将硬管与接头对中，并用手拧紧管螺帽。 b. 用工具按正确方向拧紧管螺帽。 提示：安装管螺帽时，需使用两把开口扳手，一把固定管接头，另一把拧紧管螺帽。 c. 对管螺帽施加（125±5）lb·in 的力矩值。 实测力矩值为： 提示：力矩扳手使用前需检查标签及有效期、单位、量程，正确设置力矩值，板头与力矩扳手要垂直，并正确操作力矩扳手。 d. 按指定顺序安装管路卡子。		
⑥ 管路渗漏测试。 a. 清洁硬管及接头表面，恢复相关系统。 b. 对地面泵打压力 30 psi（0.2 MPa）并保持 1 min 后，检查无渗漏。 检查结果： 提示：渗漏检查时，可用抹布擦拭管路及接头，以便发现轻微渗漏。		
（2）对指定的软管拆装及检查。 ① 按以下程序拆除 1 根软管。 提示：需佩戴橡胶手套、护目镜。 a. 对地面泵打压力 30 psi（0.2 MPa）并保持 1 min，全面检查有无渗漏。 b. 释压、并挂勿动牌。 c. 记录被拆管路及卡子走向。 d. 放好接油盘在所拆管路下方，以便接住管路余油。 e. 拆下管卡子。		

续表

操作流程	工作者签署	检查签署
提示：拆下的管卡子要储存好，可以用胶带缠绕在管子上，也可以用螺钉带在结构上。 f. 按正确方向拧松管螺帽并取下管子。 提示：拆卸管螺帽时，需使用两把开口扳手，一把固定管接头，另一把松开管螺帽。 g. 正确安装所有堵盖，避免系统受杂质污染。 h. 拆下管路需挂可用标签，并放在指定地方（上述标签）。 提示：拆下零部件需摆放整齐，不能叠放；及时用抹布擦掉滴落在结构或地面上的油液。		
② 管路检查并清洁。 a. 目视检查软管接头密封面、软管外套和接头螺纹，确保无损伤。 检查结果： b. 正确清洁管螺帽、接头螺纹、衬套、管道内、外壁。 （口述清洁过程） c. 对管路接头螺纹进行润滑。 提示：润滑要均匀，除非手册另有说明，润滑剂选用与管路中流动的液体一致。若使用指定牌号润滑剂，润滑剂不允许进入管道内腔。		
③ 安装管路。 a. 将软管与接头对中，并用手拧紧管螺帽。 b. 用工具按正确方向拧紧管螺帽。 提示：安装管螺帽时，需使用两把开口扳手，一把固定管接头，另一把拧紧管螺帽。 c. 对管螺帽施加（90±5）lb·in 的力矩值。 实测力矩值为： 提示：力矩扳手使用前需检查标签及有效期、单位、量程，正确设置力矩值，板头与力矩扳手要垂直，并正确操作力矩扳手。 d. 按指定顺序安装管路卡子。		
④ 管路渗漏测试。 a. 清洁软管及接头表面，恢复相关系统。 b. 对地面泵打压力 30 psi（0.2 MPa）并保持 1 min 后，检查无渗漏。 检查结果： 提示：渗漏检查时，可用抹布擦拭管路及接头，以便发现轻微渗漏。		

(a)

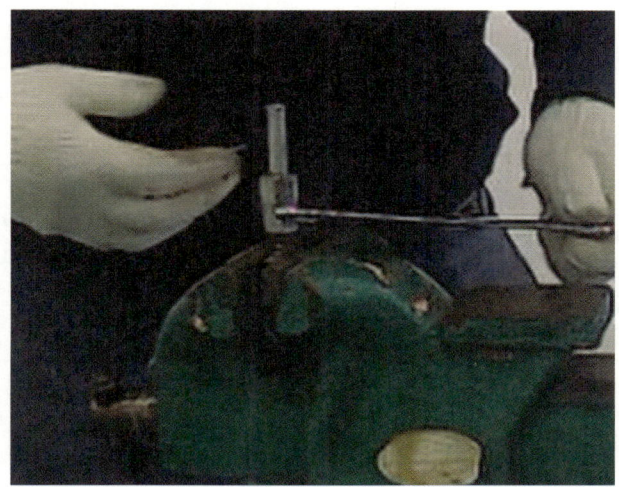

(b)

(c)

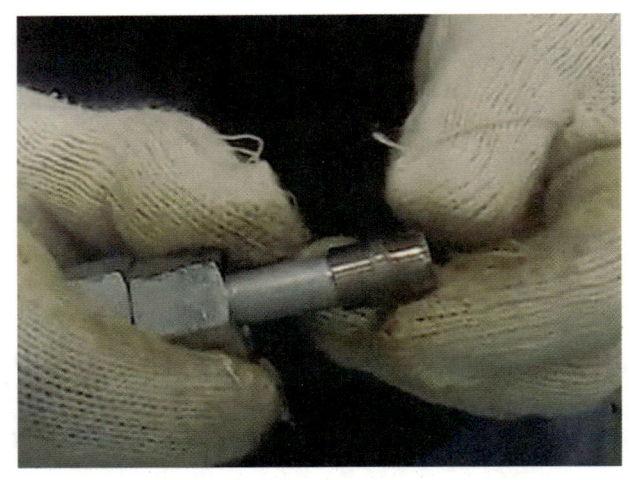

(d)

图 2-27 非喇叭口示意

6. 完工状态。

工作结束后的检查和场地恢复	工作签署	检查签署
（1）检查各个指定位置保险装置安装的状态，避免出现错装、漏装的现象		
（2）清点、检查工具的状态和数量，并将工具归还至指定位置		
（3）清点、检查剩余的耗材，并将其归还至指定位置		
（4）检查、清理工作场地，确保工作场地中没有遗留任何多余物		
（5）获得指导教师完工签署		*

课后提升

硬软管路施工是飞机维修中的一项重要技能，学生对该课程的掌握情况直接影响着其参加工作后的上手情况、职业发展。学生可以了解管路的功用、类型、材料、标识、损伤标准、修理方式以及了解管路的接头类型，通过技能练习，需掌握喇叭口的制作、管路的拆装、管路的渗漏测试并养成良好的安全防护习惯及职业素养。经调查分析发现采用传统的教学模式时，学生在教学活动中并没有彻底掌握该内容，学生理论环节薄弱，相关环节的衔接处理不好。部分学生对该课程失去兴趣，更有严重者对今后的工作充满畏惧心理。

随着飞机的大型化，一对副翼的重量就可达1吨以上，驾驶员操纵控制各操纵面时仅凭体力去搬动驾驶杆、踏踩脚蹬、拉动钢索使副翼或方向舵转动，那是绝对办不到的。此时飞机上就出现了助力机构，液压传动系统。液压传动是以液压油为工作介质，利用液压油静压来完成传动的一种工作方式。因此液压系统是飞机非常重要的系统之一，需要定期检查液压油量。按照工卡的标准进行液压油箱勤务工作以保证液压油箱的油量符合要求。

波音737有3个液压系统：A系统、B系统和备用系统（见图2-28）。3套系统都能独立为所有飞行系统提供液压动力，每套系统均有一个位于主轮舱区域的液压油箱。正常情况下，A系统和B系统在飞机飞行过程中始终是有压力的。A系统、B系统使用1个发动机驱动泵和1个电马达驱动泵，备用系统使用1个电马达驱动泵。备用系统油箱与B系统油箱相连，

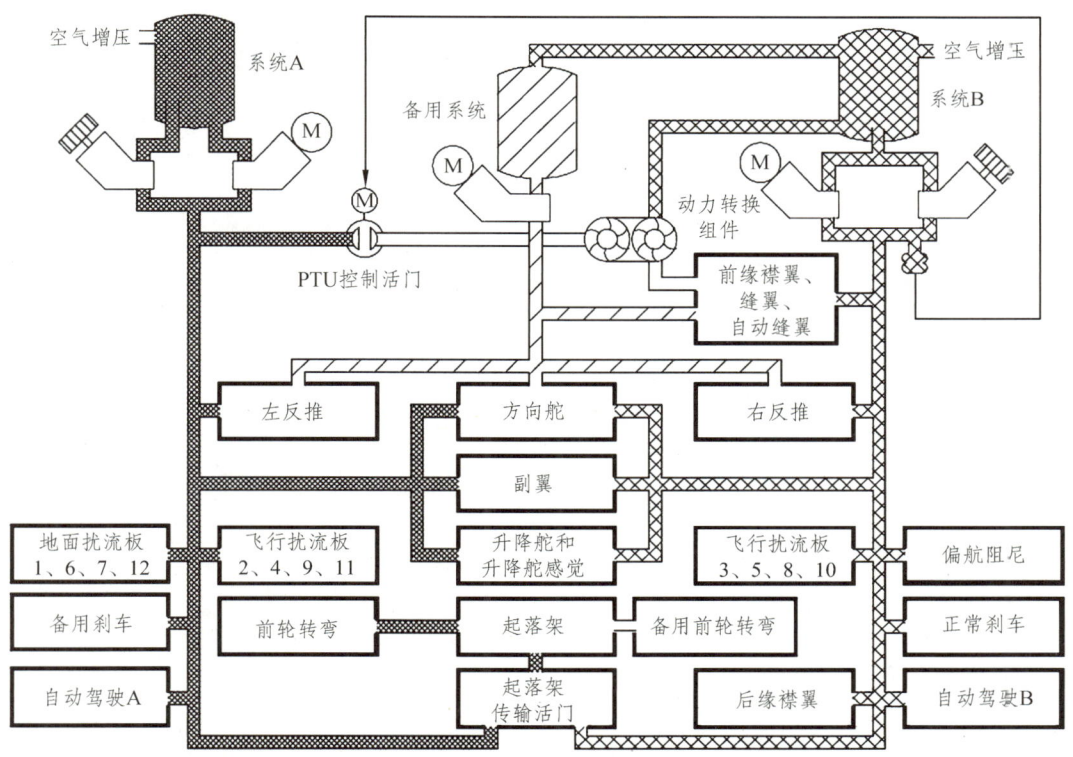

图2-28 波音飞机液压系统图

用于增压和地面勤务，当 A 系统和/或 B 系统失效即压力丧失时，由备用系统为飞机提供液压动力，可以用来为操控方向舵、反向推力装置和伸出前缘装置提供动力。当遇到失效情况时，波音 737 飞机 B 系统失效通过 PTU 由 A 系统电动泵供压，A 系统和/或 B 系统失效即压力丧失时由备用系统供压。

模块 3　飞机传动部件检查和校装

模块 3　飞机传动部件检查和校装

教学目标

【知识目标】

1. 掌握外场和车间防护的一般安全规定；
2. 掌握传动部件拆装的基本知识；
3. 了解飞机操纵系统的组成；
4. 掌握飞机传动部件的拆装与检查。

【能力目标】

1. 能够熟练按照安全规程进行施工；
2. 能够正确进行传动部件拆装与检测；
3. 能够正确使用工具进行传动部件的检查；
4. 能够制作钢索接头。

【素质目标】

1. 具备爱护工具和设备并规范使用的好习惯；
2. 具备爱岗敬业和良好的团队合作精神；
3. 具备自主查阅资料、制定、实施工作计划和自我学习的能力；
4. 培养严格按照手册和技术文件施工的职业素养；
5. 树立安全第一、质量第一的思想，坚持无缺陷、零差错的职业素养。

任务导入

2019 年 11 月 22 日，南航发布通报称，广东揭阳飞泰国曼谷一航班机组在起飞前，因及时发现飞机右副翼操作钢索腐蚀断裂，飞机及时滑回检查，包括机长、副机长和观察员在内的三名飞行员被嘉奖 6 万。

上述通报披露了事发经过，当天机组执行完正常开车程序，与机务再见后进行副翼和方向舵检查。左座第一次活动驾驶盘，发现左右压盘力度不一致，但副翼位置显示正常，回中正常。机组沟通情况后，决定由右座再次活动驾驶盘进行检查，此时右侧副翼显示卡阻在向下位，无法回中。机组用手势召回机务反映情况，机务目视确认副翼卡阻在向下位。机组与签派、塔台通报情况后决定滑回。机务打开盖板检查发现右副翼操作钢索腐蚀断裂，断点位于右副翼扇形盘外侧的滚轮处。

右副翼操作钢索腐蚀断裂的故障罕见，通常要发现也很难，"因为那个钢索没有外露，从外面根本看不到，且这个故障在驾驶舱仪器上没有显示。"机长陈建国表示，该故障如未能及时发现并排除，导致飞机"带病上天"，"如果发生在飞行的关键阶段，比如起飞和着陆时刻，卡在某一个不利的位置，会有失控的危险。如果是在空中，会导致飞行员失去延纵轴的控制，实际飞行操纵困难。"

由此可见操作钢索作为飞机传动系统的重要部件，它的检查和校装是十分重要的。

知识准备

飞机操纵系统分为主操纵系统和辅助操纵系统。主操纵系统包括副翼操纵系统、升降舵操纵系统和方向舵操纵系统。辅助操纵系统包括襟翼、缝翼、扰流板和安定面操纵系统。每个操纵系统由控制机构、传动机构和执行机构组成。

（1）控制机构：驾驶盘（杆）、脚蹬和操纵手柄等。

（2）传动机构：钢索、摇臂、导向滑轮、滑轮、推拉杆、扇形盘、扭力管等。

（3）执行机构：液压作动筒、电马达等。

飞机操纵系统按传输方式不同分为以下几种：

（1）软式操纵：由钢索传递操纵指令。

（2）硬式操纵：由推拉杆、扭力管传递操纵指令。

（3）混合式操纵：由软式操纵部件和硬式操纵部件混合组成。

（4）电传操纵：由电信号传递操纵指令。

钢索作为软式操纵的主要部件广泛用于飞机的操纵系统，除此之外，还使用在发动机操纵、起落架应急放下、前轮转弯、刹车等系统。

一、钢索的检查

钢索作为软式操纵的主要部件广泛用于飞机的操纵系统，除此之外，还使用在发动机操纵、起落架应急放下、前轮转弯、刹车等系统。钢索是由一定数量的钢丝按照特定的形式缠绕而成，按材料性质分为碳素钢和不锈钢。碳素钢钢索表面通常是包锌镀锡。钢索的型号是按组成每根钢索的股数和每股里面的钢丝数来确定的，采用两位数编码。第一个数字代表的是钢索的股数，第二个数字代表每股里面的钢丝数。飞机上通常采用的是 7*7 和 7*19 两种型号。钢索的直径决定了钢索的强度，一般范围是 1/16～3/8 in，以 1/32 in 为单位递增或者递减。钢索只能承受拉力，不能承受压力，因此，操纵钢索都是成对出现，由两根钢索组成回路，以保证舵面能在两个相反的方向偏转。

钢索接头通过挤压与钢索端头连接在一起，用于钢索之间、钢索与其他部件之间的连接（见图 3-1）。常用的钢索接头有螺杆头式、柱头式、双柄球头式、单柄球头式、叉形头式、销眼头式等。

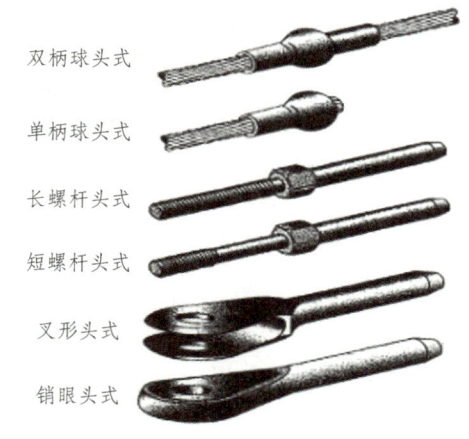

图 3-1 钢索接头形式

钢索在使用中常见的故障有磨损、断丝、腐蚀和卡阻。钢索在使用过程中会与滑轮、扇形盘、气动封严、导向装置以及周围可能接触的部件相磨而导致钢索磨损和断丝，因此，在维护工作中应着重检查以上部位。钢索与相邻部件的那间隙也应满足要求，不同机型要求不一样，如波音要求不同系统钢索之间的最小间隙是 0.5 in（建议 2 in）；与结构、导线、管路等固定装置之间的最小间隙是：与导索孔 0.5 in，与防擦条 0.1 in（建议在钢索下方 1.5 in，在其他方向 1.0 in）；与门、起落架等活动部件之间的最小间隙是 2 in（建议 4 in）。钢索容易腐蚀的区域主要是一些容易积聚腐蚀性气体、蒸汽、烟雾和沉积液体的区域，如轮舱、厨房厕所下面等区域，还有就是电瓶舱，容易发生电化学腐蚀。在钢索检查前应先清洁，钢索清洁一般不用清洁剂，如果有的飞机钢索要求用清洁剂，应该严格按照手册的要求操作，严禁将清洁剂浸入钢索里面，腐蚀钢索。钢索清洁通常使用干燥不起毛的布包住钢索来回擦拭。钢索检查主要靠详细目视检查，必要的时候应借助手电、反光镜、放大镜等工具，要对钢索进行全行程检查，对于一些滑轮、扇形盘后面以及一些检查不到的地方，可以通过操纵钢索运动使看不到的钢索露出来便于检查。检查钢索断丝时用"拉布法"来检查钢索断丝，如果钢索有断丝的时候就会勾住布，便于发现。

波音规定钢索的磨损情况，单根钢丝磨损达横截面的 40%以上，就必须更换钢索。

波音规定钢索断丝如果出现下列情况之一，就要更换钢索。

对于 7*7 钢索：

① 在钢索的连续 12 英寸长度内有 2 根或 2 根以上的断丝；

② 整根钢索有 3 根或 3 根以上断丝。

对于 7*19 钢索：

① 在钢索的连续 12 英寸长度内有 4 根或 4 根以上的断丝；

② 整根钢索有 6 根或 6 根以上断丝。

另外，如果发现钢索上有刻痕或者切纹，或者钢索上有腐蚀等，都必须更换钢索。操作检查钢索，钢索应该活动自如，如果出现卡阻，应该仔细查找出现卡阻的原因。对钢索接头的检查，应详细检查钢索接头和保险（包括保险丝保险、开口销保险、松紧螺套锁夹保险）完好，如有缺失应安装完整；检查接头挤压段表面是否有裂纹和腐蚀，如有应更换钢索；检查接头未挤压段，如发现裂纹、腐蚀或接头弯曲大于 2°，就要更换钢索；检查松紧螺套，如发现裂纹或者腐蚀则更换松紧螺套。

二、钢索的校装

传动部件的校装有两个目的，一是当控制部件在中立位时，对应的扇形盘、舵面等也要调节到中立位，二是调节钢索的张力在规定的范围内。

（一）钢索拆卸

飞机各操纵系统钢索都有特定的拆装程序，这里介绍的只是一般拆装程序，具体拆装某一特定系统的操纵钢索时应根据相应的 AMM 手册要求进行。

拆卸飞机操纵钢索的一般程序：

（1）安装校装销，使系统处于中立位。校装销的安装位置在鼓轮或扇形盘上，不同的钢索，安装校装销的位置不一样，具体的位置在 AMM 手册里查找。

（2）使用标识带在要拆的钢索接头上做记号。

(3)松开松紧螺套,卸去钢索的张力。

(4)如果需要,拆卸控制钢索的相关部件,如滑轮、导向装置、气动封严等。

(5)安装钢索夹子,保持钢索的微张力,使钢索不至于从滑轮、扇形盘的槽内滑出。

(6)在拉出旧钢索前将新旧钢索连接在一起,在拆下旧钢索的同时将新钢索安装到位。

(二)钢索安装

飞机的操纵钢索通常有两种,一种是预制钢索,另一种是非预制钢索。

1. 预制钢索的安装步骤

(1)拆下相关的滑轮和气动封严。

(2)将旧钢索连接在新钢索上。

(3)保持一定的微张力将旧钢索拉出,同时新钢索到位。

(4)安装拆下的滑轮和气动封严。

(5)如果有必要,用干燥不起毛的布去除钢索上不需要的材料,然后给碳钢钢索涂上一薄层润滑脂。不锈钢钢索不能润滑,只需擦拭干净即可。

(6)在松紧螺套两边同时安装螺纹接头,使螺纹的旋进量保持一致,且露在螺套外面的螺纹不超过3牙。

(7)拆下钢索夹子和校装销。

(8)参照钢索的温度——张力图表拧紧钢索,对于新钢索,拧紧到正常张力的两倍。

(9)调整钢索张力参照步骤(3)。

(10)确保气动封严调整正确,防止钢索偏斜,确保钢索自由移动。

(11)给所有松紧螺套打上保险。

(12)全行程操作系统,确信钢索能轻松自如地移动,确信不必用太大的力去操纵。

2. 非预制钢索更换步骤

目前,在飞机上更换的钢索多数都是非预制钢索。非预制钢索的更换步骤如下:

(1)识别需要拆下的钢索,准备好系统适用的新钢索。

(2)用干燥不起毛的布去除钢索上不需要的材料,然后给碳钢钢索涂上一薄层润滑脂。不锈钢钢索不能润滑,只需擦拭干净即可。

(3)剪掉旧钢索接头,将新钢索与旧钢索连接在一起。

(4)在保持一定的微张力情况下将旧钢索拉出,使新钢索到位。

(5)制作钢索接头,并给接头做载荷测试。

(6)在松紧螺套两边同时安装螺纹接头,使螺纹的旋进量保持一致,且露在螺套外面的螺纹不超过3牙。

(7)拆下钢索夹子和校装销。

(8)参照钢索的温度——张力图表拧紧钢索,对于新钢索,拧紧到正常张力的两倍。

(9)调整钢索张力参照步骤(3)。

(10)确保气动封严调整正确,防止钢索偏斜,确保钢索自由移动。

（11）给所有松紧螺套打上保险。

（12）全行程操作系统，确信钢索能轻松自如地移动，确信不必用太大的力去操纵。

3. 操纵钢索的调节步骤

（1）按照表 3-1 的要求，对系统操作相应的次数。

（2）插上校装销，将钢索张力调整到表 3-2 规定的范围内，如果安装新钢索，钢索的初始拧紧张力是算出的理论值的两倍。在测量张力时，张力表应离开接头、滑轮、扇形盘等支撑机构至少 6 英寸以上。

（3）取下校装销，然后按照表 3-1 要求的操作次数操作相应的系统，再次测量张力值。如果张力满足要求，给接头打保险，取下校装销。

（4）如果张力不满足要求，调整张力值到表 3-2 规定的范围，重复（3）。

表 3-1　各操纵系统所需操纵次数

钢索系统	操作循环次数
副翼	20
升降舵	25
后缘襟翼	25
方向舵	25
速度刹车	20
扰流板	20
安定面配平	5

表 3-2　张力-温度对照

温度/°F	张力/磅	
	钢索 AA 和 AB	钢索 ACBA 和 ACBB
110	133	93
90	124	84
70	115	75
50	107	70
30	99	61
+10	90	53
−10	82	49
−30	74	46
−40	68	44

4. 系统校装

钢索系统校装原则：当控制部件处于中立位置时，按 AMM 手册的要求，在规定位置插上定位销，调节钢索张力至 AMM 手册要求的范围内，使扇形盘、舵面等处于中立位置，且定位销能够轻松取下。

安全管理

1. 在检查前，需要使用不起毛的棉布对飞行操作钢索进行清理，此过程不仅可以达成飞行钢索清洁，预防钢索腐蚀的效果，还能够有效发现钢索是否存在断丝、磨损等损伤问题。

2. 在对钢索进行全面检查时，工作人员需要将钢索在各个方向上进行全行程移动，使钢索在滑轮、导向器、钢索轮等区域的钢索显露出现，然后对该些部位进行目视检查。另外，在检查时，还可以借助手电筒、反光镜等设备，通过轻微转动钢索的方式对钢索背面进行检查，确保检查的全面性。

3. 在对钢索磨损情况进行检查时，工作人员需要通过近距离观察的方式，仔细分辨飞行钢索易磨损区域是否存在较为明显的分界线，若是发现钢索出现融合情况，那么便可以判断钢索磨损以及超过规范要求，应对该钢索进行及时更换处理。另外，工作人员还需要检查钢索附近是否存在有尖锐物体等易造成钢索损伤的物体，若是有，应及时对该物体进行处理，防止对钢索造成割伤。

4. 在对钢索的锈蚀和腐蚀问题进行目视检查时，工作人员若是发现钢索表面出现锈蚀或者腐蚀情况后，需要先卸除钢索张力，然后将钢索反向扭转，使钢索张开，然后通过目视检查的方式确定钢索内部是否存在腐蚀情况。若是发现钢索内部出现腐蚀问题，那么便代表着钢索已经被完全腐蚀，需要进行更换处理；若是在检查后发现钢索内部未发现腐蚀或者锈蚀问题，那么工作人员便可以通过粗糙编织物、抹布或者纤维刷子对钢索表面进行清理，切忌使用金属刷或者溶剂对钢索表面锈蚀或者腐蚀进行清理，避免对钢索造成二次损伤。在彻底清理后，工作人员还需要在钢索表面涂抹防锈剂，避免钢索再次出现锈蚀或者腐蚀情况。在日常检查结束后，工作人员需要进行钢索的日常养护，即除了前起落架转弯钢索，其余钢索均需要在钢索表面涂抹一层润滑层，确保钢索表面具有一层油膜便可，切忌在钢索表面涂抹过量的润滑脂，并保障所使用的润滑脂为未经污染，且在有效期内的润滑脂，其将会导致过多的油脂在吸附灰尘和水分后，对钢索造成腐蚀损伤。

5. 在长时间使用后，飞行操作钢索受温度变化或者使用操作的影响，其实际张力性能将会出现一定变化。结合实际情况来看，飞行操作钢索张力出现变化后，将会极大影响飞机的操作性能，进而增加飞行员的操作难度。其中前轮起落架飞行操作钢索张力出现异常后，将会导致前轮偏摆；副翼钢索张力异常将会导致调整片下垂度受到影响，进而影响到飞机飞行过程中的滚转性能，需要飞行员在操控过程中进行额外的配平操作。因此，飞行操作钢索在使用一段时间后，工作人员便需要对飞行操作钢索进行校准调节，避免出现以上问题。

6. 钢索与钢索之间的接头是通过挤压的方式相互连接，所以在连接过程中，钢索的接头将会承受较大的压力，该压力将会导致钢索接头处存在内部损伤，所以为确保飞行操作钢索的实际性能，需要在每一次挤压成型后，对钢索接头处进行无损探伤，确保飞行操作钢索的成品质量，降低飞机安全风险。

任务实施

实施说明:围绕飞机传动部件检查和校装共有三个任务,分别是油门操纵钢索检查及张力测量,方向舵钢索的调整与检查,调整钢索张力、拆装推拉杆。请同学们按照任务工卡完成任务。

工作任务 9 油门操纵钢索检查及张力测量

紧固件保险

工作编号:	工作名称：油门操纵钢索检查及张力测量	
实训课时：90 分钟	工作日期：	工作地点：

1. 工作说明。
   钢丝绳的张力不均会造成轮槽不均匀的磨损，定期对钢索进行检查和张力测量十分重要。
2. 工作前准备。

准备项目	准备工作	完成签署	检查签署
工具和设备	张力计、温度计、游标卡尺、鸭嘴钳、剪钳、开口扳手、钢索接头夹持工具、校装销、钢索锁定夹（视情况）、保险钳、尖嘴钳、铁锤、胶锤、平头冲、卡簧钳、一字螺丝刀、套筒、棘轮扳手、梅花扳手、力矩扳手等		
劳保用品	别针保险、保险丝、BMS3-33 油脂、抹布、护目镜、手套、保险丝、开口销、保险片、平垫片、卡环等		
注意事项	（1）确保所有起落架都安装了安全销。没有安全销，起落架收回会导致人员受伤，设备损坏。 （2）如果不安装拆下的机轮组件，则需放气轮胎，以防止运输过程中充气轮胎爆炸。 （3）如果机轮组件没有损坏，可以接受放气时在轮胎中留下大约 50 psi（345 kPa）或 25%的余压。在轮胎中留下大约 50 psi（345 kPa）或 25%的余压可以防止机轮组件运输时对轮胎的损坏。 正确使用千斤顶和机轮、刹车拆装专用工具，防止压伤人或设备		
授权	获得指导老师工作授权（必检）		*

3. 操作。

操作流程	工作者签署	检查签署
（1）目视检查钢索及附件，用"拉布法"检查指定钢索断丝情况。检查结果：_____		
（2）目视检查指定钢索磨损情况。 检查结果：_____		

续表

操作流程	工作者签署	检查签署
（3）断开钢索松紧螺套，拆除并取下指定钢索。		
① 安装滑轮校装并挂警告牌，将油门处于校装位置并上锁挂警告牌。		
② 用夹持工具拆除松紧螺套，取下钢索。		
（6）拆除指定滑轮并检查。 检查结果：_____		
（7）重新安装滑轮并安装开口保险。		
（8）校装（调整）钢索张力。		
① 使用温度计确定测量地点温度，根据温度-张力对照表确定所需张力值（表3-3）。		
② 将钢索张力调节至所需张力（图3-2）。		
③ 去除滑轮校装销，松开油门锁，反复操纵油门几次置于中立位上锁挂牌。		
④ 再次对张力进行检查，确定张力值在允许范围，并记录张力值： 钢索的张力目标值：_____LBS；调节前测的钢索张力值：_____LBS；调整后钢索张力值：_____LBS。		
（9）安装松紧螺套别针保险和打一个保险丝保险。（图3-3）		
（10）钢索清洁并润滑（碳素钢）。		
（11）使用保险钳实施紧固件双股保险丝二联保保险：		
① 拆除紧固件保险。		
② 目视检查紧固件的状态，检查结果：		
③ 使用保险钳实施一个二联保保险。		
（12）使用手工实施紧固件单丝保险：		
① 拆除单丝保险；		
② 用手工方法实施单丝保险。		
（13）实施开口销保险：（图3-4）		
① 拆除一个横向开口销保险和一个纵向开口销保险。		
② 分别拆、装这两个紧固件。		
③ 将两个紧固件磅到规定力矩。力矩值：40~100 lb·in。		
④ 实施一个横向开口销保险和一个纵向开口销保险。		
（14）实施保险片保险：		
① 从紧固件上拆除保险片保险。		
② 安装保险片安装到紧固件上。		
③ 将紧固件磅到规定力矩，力矩值：15~25 lb·in。		

续表

操作流程	工作者签署	检查签署
（15）拆装卡环保险：		
① 拆除卡环保险并检查，检查结果：		
② 安装卡环保险。		
（16）结束工作：将工作区域恢复到正常状态。		

表 3-3　钢索张力

温度/°F	控制钢索××的张力（磅）（3/32）	温度/°F	控制钢索××的张力（磅）（1/8）
110	50	110	93
90	45	90	84
70	40	70	75
50	35	50	70
30	30	30	61
10	32	10	53

注：1. 确保测量地点的温度恒定，温度误差 1 小时内不能超过±5 °F；
　　2. 控制钢索张力误差：±5 磅；
　　3. 具体温度张力对照可依据钢索和温度调整。

图 3-2　钢索

模块 3　飞机传动部件检查和校装

图 3-3　保险实施位置

图 3-4　开口销实施位置

6. 完工状态。

工作结束后的检查和场地恢复	工作签署	检查签署
（1）检查各个指定位置保险装置安装的状态，避免出现错装、漏装的现象		
（2）清点、检查工具的状态和数量，并将工具归还至指定位置		
（3）清点、检查剩余的耗材，并将其归还至指定位置		
（4）检查、清理工作场地，确保工作场地中没有遗留任何多余物		
（5）获得指导教师完工签署		×

工作任务 10　方向舵的调整与检查

工作编号：SXPA-48	工作名称：方向舵的调整与检查	
实训课时：90 分钟	工作日期：	工作地点：

1. 系统了解。

操控系统在 ATA100 体系中章节号为 _____。

2. 翻译如下方向舵控制的描述（节选自波音 737-500AMM 手册）。

The hydraulically-powered rudder is controlled by the captain's and first officer's rudder pedals. The rudder pedals are bussed together and are adjustable fore and aft by use of pedal adjustment cranks. The pedals provide input to the rudder power control unit through the ruddercontrol system. The power control unit moves the rudder with hydraulic power from both hydraulic systems A and B. Rudder hydraulic supplies are controlled by the flight controls shutoff valve in the flight controls hydraulic modular packages. Switches for these valves are on the pilots' overhead panel. In the event of hydraulic system Aor B failure, the standby hydraulic system will drive a rudder standby power unit to move the rudder. Control of the standby hydraulic system power is by a shutoff valve on the standby modular package. The flight control switches on the pilots' overhead panel and the automatic standby function controls this valve. These switches and the automatic standby function also provide control for pressurizing the standby hydraulic system.

3. AMM 手册中找到关于方向舵施工章节号_____。

在 IPC 手册中找到关于方向舵施工章节号_____。

4. 工作前准备。

准备项目	准备工作	完成签署	检查签署
工具和设备	常用拆装工具箱、三用表等		
劳保用品	手套、标记油漆、保险丝等		
注意事项	（1）线路施工注意静电防护； （2）热风枪使用注意防火		
授权	获得指导老师工作授权（必检）		*

5. 操作。

操作流程	工作者签署	检查签署
（1）利用舵面锁将方向舵锁在中立位置（图3-5）。		
（2）通过脚蹬框架，检查左右脚蹬是否在同一水平线上；如果不在同一水平线上，对脚蹬进行调整。		
（3）方向舵推拉杆的调节（图3-6）。 ① 判断伸长或缩短推拉杆使脚蹬框架（左右）在同一水平线上。 ② 选择可调节的推拉杆进行调节，并记录好初始状态，如：外露螺纹的圈数。 ③ 调节后检查左右脚蹬框架是否处在同一水平线上。如果不在同一水平线上仍需要调节，直至使左右脚蹬处在同一水平线上为止。 注：调长时，调节的螺杆不应超出检查孔，调短时仍留有一定量的螺纹。		
（4）检查方向舵机构的行程。 ① 利用舵面锁将方向舵锁在中立位置，确定方向舵是否在中立位（用钢板尺测量检查中立位）。 ② 检查方向舵偏转量（偏转量是指方向舵从中立位置蹬至最大行程时的角度或距离），操纵左右脚蹬至最大行程时（检查偏转量必须在驾驶舱操纵系统，不准采用移动舵面的方法），方向舵左右最大偏转量为25°±1°或（535±5）mm。 ③ 松开舵面锁，操纵左右脚蹬至最大行程，系统应无摩擦、卡滞等，摇臂与拉杆之间的间隙不小于3 mm。 ④ 要求按图3-7所示，在方向舵锁在中立位置时标记好中心点，然后操纵左右脚蹬至最大行程时测量并控制最大行程，如不符合要求还可调节拉杆。 ⑤ 检查完好后，锁紧推杆调节螺栓上的并紧螺帽，并涂上标记红漆。		
（5）安装好推拉杆连接螺栓并保险，连接好搭铁带。		
（6）测量搭铁带连接到推拉杆的接触电阻。 实测值：		

图 3-5　推拉杆

图 3-6　方向舵中立位置

图 3-7　方向舵极限位置

6. 完工状态。

工作结束后的检查和场地恢复	工作签署	检查签署
（1）检查各个指定位置保险装置安装的状态，避免出现错装、漏装的现象		
（2）清点、检查工具的状态和数量，并将工具归还至指定位置		
（3）清点、检查剩余的耗材，并将其归还至指定位置		
（4）检查、清理工作场地，确保工作场地中没有遗留任何多余物		
（5）获得指导教师完工签署		*

工作任务 11　调整钢索张力、拆装推拉杆

工作编号：	工作名称：调整钢索张力、拆装推拉杆	
实训课时：90 分钟	工作日期：	工作地点：

1. 工作说明。

钢丝绳的张力不均会造成轮槽不均匀的磨损，定期对钢索进行检查和张力测量十分重要。

2. 工作前准备。

准备项目	准备工作	完成签署	检查签署
工具和设备	操作系统工具箱、1 m 工作梯		
劳保用品	绿油（BMS 3-33）、钢索别针（BACC15AJ2）、保险丝、橡胶手套		
注意事项	（1）保险装置操作中必须佩戴护目镜，防止操作中伤到眼睛； （2）保险装置（包括别针、保险丝）均为一次性消耗品，禁止重复使用； （3）注意温度不同，钢索张力也不同		
授权	获得指导老师工作授权（必检）		*

3. 操作。

操作流程	工作者签署	检查签署
副翼控制钢索 ABSA 和 ABSB 的调整（图 3-8）。		
安装校装销 A/S-4（图 3-9）。		
确保左右副翼距离中立位置 0.03 英寸或以下（副翼控制原理参考 737AMM 手册 27-11-00）。		
确保左右机翼的钢索 ABSA 和 ABSB 的张力是按规定的（图 3-12）。		
如果张力和/或副翼中立位置超出公差范围，请调整钢索：调整每个钢索的松紧螺套，将副翼放到指定的中立位置（图 3-10）。		
扭动锁定夹别针，将锁钩从位于松紧螺套中心的孔中拔出。		
将锁定夹别针从松紧螺套槽中移出。		
拆下指定钢索（图 3-9）。		
用拉布法检查钢索（图 3-9）。		
安装钢索（图 3-9）。		
按照温度，调整钢索到指定的张力。		
操作 20 次副翼系统。		
操作 20 次副翼系统之后，务必再次调整钢索张力到正确值。		
安装锁紧夹别针（图 3-11）。 **注意**：不要再次使用锁紧夹别针。如果再次使用，故障的风险将会增加。		

续表

操作流程	工作者签署	检查签署
拧紧松紧螺套，使其漏出不超过三条螺纹，且钢索张力正确。		
对准松紧螺套槽和钢索接头端。		
（a）将锁定夹别针的直端安装到对准的槽中。将锁夹钩置于松紧螺套的中心孔，并把锁钩推进孔中。		
（b）推钩肩使其与松紧螺套相啮合。		
（c）再次执行最后四个步骤来锁定第二个钢索接头。		
提示：可将锁紧夹别针安装在松紧螺套孔的同侧或对侧。		
为了确保两个锁紧夹别针正确安装，可将松紧螺套旋转一小段距离。		
目视检查锁紧夹别针，确保锁钩啮合到松紧螺套里。		
安装保险丝（锁夹别针的替代方法）（图 3-12）。		
将松紧螺套与钢索接头放在一起，转动螺套，直到螺套外露出的螺纹不超过三条，并达到适当的钢索张力。		
将正确直径的不锈钢软保险丝插入任一钢索接头。使用 0.024 为 1/16 英寸直径钢索，0.031 为 3/32"或 1/8"，和 0.041 为 5/32"到 5/16 英寸直径钢索。		
双绕线法。		
提示：扭保险丝时，不要使用任何可能划伤保险丝的工具。		
将保险丝的两端穿过螺套相对的孔。把保险丝拉过去。如果使用工具，只能拉保险丝的端部。		
把保险丝绕到接头的孔里，将一根线的一端插入孔里，穿过并拧在一起。剪掉长度超过 5/8 英寸的麻花。		
将扭曲的末端麻花向后推，使其平靠接头。		
确保外侧副翼的后缘低于机翼后缘 0.08~0.48 英寸。		
拆下校装销 A/S-4。		
用 BMS 3-33 油脂润滑钢索。		
副翼弹簧推拉杆的调整（图 3-13）。		
安装校装销 A/S-3 和 A/S-4（图 3-9）。		
将螺母和垫片从固定弹簧座锁定端的螺栓上拆下。		
确保弹簧座的锁定端螺栓能自由移动。		
如果螺栓不能自由移动，调整弹簧座。		
拆下螺栓。		
松开锁紧螺母。		
转动弹簧座的杆端，直到可以轻松安装螺栓。		
将锁紧螺母拧紧。		
确保防转叉和排水孔是朝下位置安装的（图 3-14）。		
安装带有垫片和螺母的螺栓。		
拆除校装销 A/S-3 和 A/S-4。		

钢索

图 3-8　钢索在轮舱位置

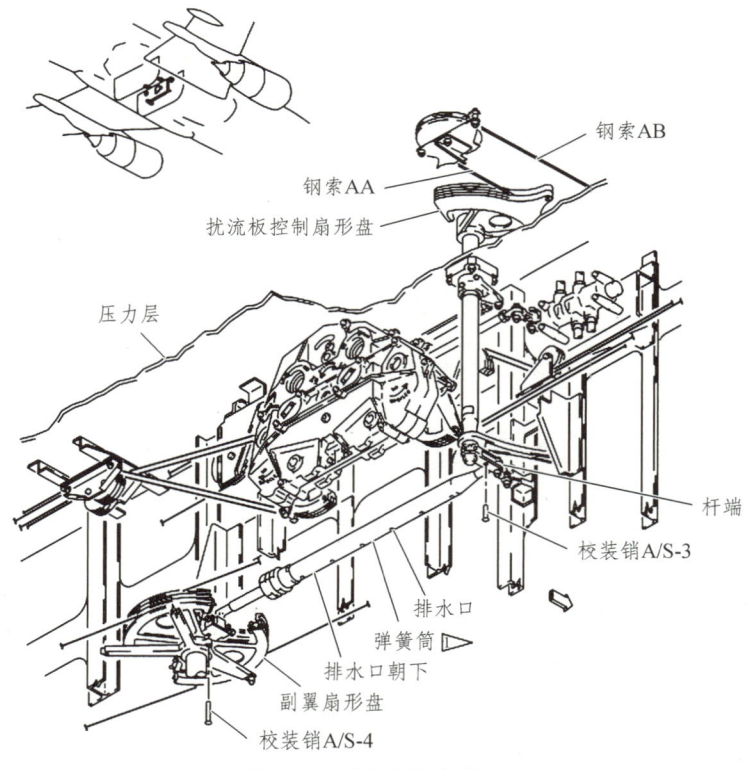

图 3-9　手册中钢索位置

模块 3　飞机传动部件检查和校装

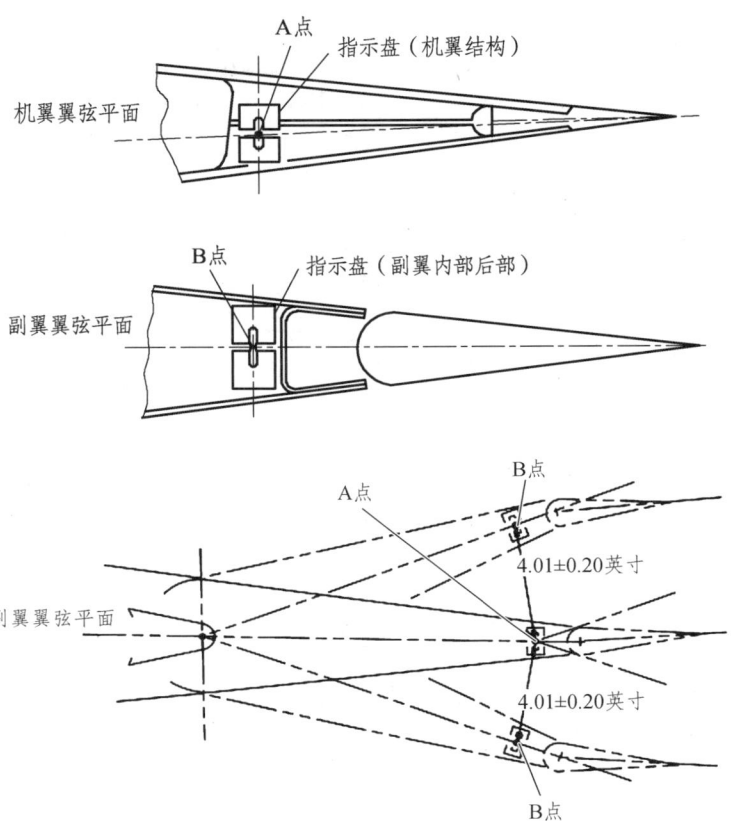

图 3-10　副翼舵面位置示意

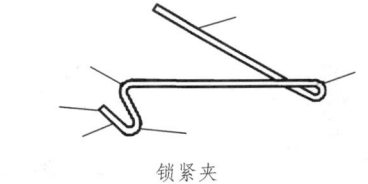

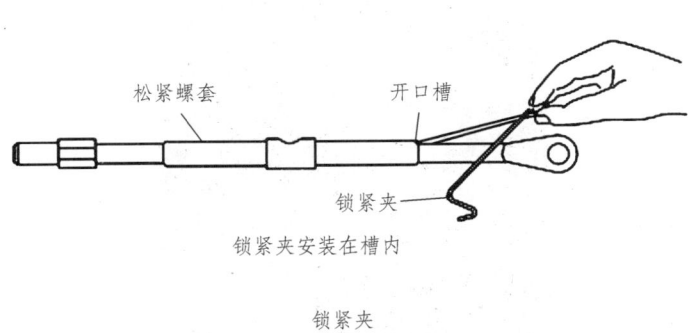

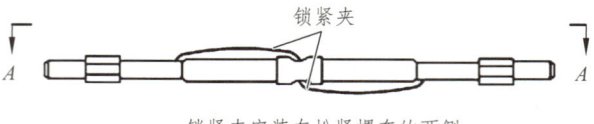

图 3-11　钢索套锁销安装示意

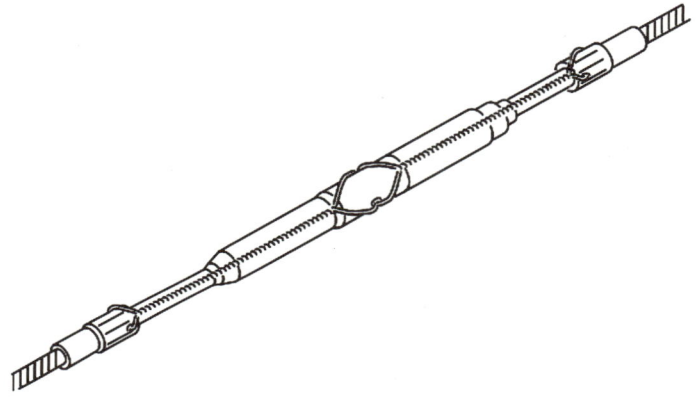

图 3-12　钢索套保险丝安装示意

图 3-13　副翼推拉杆位置

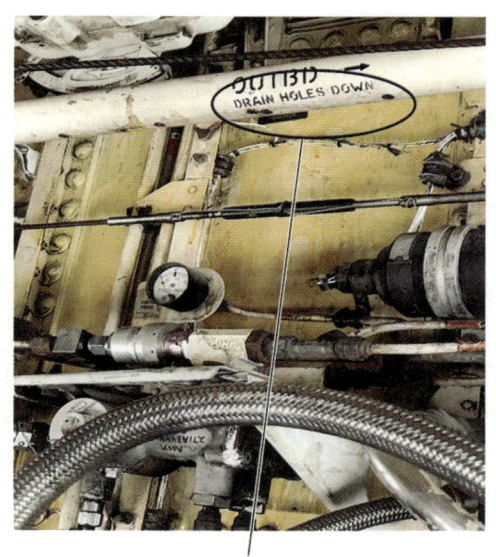

副翼推拉杆

图 3-14　副翼推拉杆排水孔朝下示意

6. 完工状态。

工作结束后的检查和场地恢复	工作签署	检查签署
（1）检查各个指定位置保险装置安装的状态，避免出现错装、漏装的现象		
（2）清点、检查工具的状态和数量，并将工具归还至指定位置		
（3）清点、检查剩余的耗材，并将其归还至指定位置		
（4）检查、清理工作场地，确保工作场地中没有遗留任何多余物		
（5）获得指导教师完工签署		*

课后提升

波音 737NG 飞机飞行操作钢索遍布飞机的机身、大翼以及机尾等诸多部位，其维护工作具有区域复杂、人员接近困难，涉及工作人员数量多、工作时间长等特点，再加上飞行操作钢索所涉及的部件数量比较多，导致飞行操作钢索的维护难度比较大。本项目结合作者的工作经验，对波音 737NG 飞机飞行操作钢索的维护要点进行分析阐述，并在分析过程中指出工作人员在对飞行操作钢索进行维护过程中，一定要重视任何一个细节内容，及时发现钢索潜在损伤或者其他细微问题，及时发现及时解决，将问题控制在萌芽状态，防止为飞机飞行留下安全隐患，降低飞行员操作难度，保障乘客人身财产安全，为我国航空事业的发展提供重要支持。

模块 4　飞机标准线路施工

扫码观看视频

教学目标

【知识目标】

1. 了解飞机线缆的分类、结构、规格和负载能力；
2. 掌握飞机线缆的标识和件号；
3. 熟练掌握飞机导线手册查询方法和步骤；
4. 掌握线路通路与绝缘电阻的测量方法；
5. 掌握兆欧表的结构功能和使用方法；
6. 熟练掌握飞机导线束捆扎与敷设手册查询方法和步骤；
7. 掌握常用捆扎与敷设材料、方法与施工标准；
8. 熟练掌握飞机导线和电缆修理手册查询方法和步骤；
9. 掌握导线和电缆修理标准施工程序及所需要材料和工具；
10. 熟练掌握飞机屏蔽电缆修理手册查询方法和步骤；
11. 掌握屏蔽电缆修理标准施工程序及所需要的材料和工具。

【能力目标】

1. 能熟练认识飞机线缆；
2. 能够熟练进行飞机导线手册查询；
3. 能够正确进行线路通路与绝缘电阻的测量；
4. 能熟练查询飞机导线束捆扎与敷设手册；
5. 能够正确完成导线束捆扎与敷设标准施工；
6. 能熟练查询飞机导线和电缆修理手册；
7. 能够正确完成导线和电缆修理标准施工；
8. 能够熟练查询飞机接线片的压接与安装手册；
9. 能够正确完成接线片的压接与安装标准施工；
10. 能熟练查询屏蔽电缆修理手册；
11. 能够正确完成屏蔽电缆修理标准施工。

【素质目标】

1. 具备爱护工具和设备并规范使用的好习惯；
2. 具备爱岗敬业和良好的团队合作精神；
3. 具备自主查阅资料、制定、实施工作计划和自我学习的能力；
4. 培养严格按照手册和技术文件施工的职业素养；
5. 树立安全第一、质量第一的思想，坚持无缺陷、零差错的职责。

任务导入

2022年10月14日,美国航空一架执飞伦敦希思罗机场—芝加哥奥黑尔国际机场航班的787-9,因电气系统问题迫降爱尔兰凯夫拉维克。

根据FlightAware数据显示,该架机起飞3 h 37 min后,飞行高度在14 min内从3.1万英尺(近9 450 m)下降到1万英尺(3 048 m),30 min后紧急降落。据一名乘坐该航班的乘客透露,当时客舱的座椅电气系统(包括Wi-Fi)失效,返航的过程中飞机很颠簸,起落架很早就放下了。机长告知乘客飞机备用导航和驾驶舱广播系统已失效。美联航的两名技术人员登机后通知乘客飞机无法继续执飞该航班。787自投入服役以来,已发生锂电池、电气化系统和计算机系统等问题。787是典型的多电飞机,比上一代飞机拥有更高的电气化程度,许多需要发动机引气作为原动力的系统由电源供电,改变较大的系统包括发动机启动、APU启动、机翼防冰、座舱增压、液压泵等。

在日常飞机维修中,飞机遇到电气故障应该怎么办,相信大多数同学想到的通用的处理方法是用相同或者可替代的导线进行更换。但是,在实际的工作中,由于时间、耗材、成本等诸多原因,依据手册规定的方法来修理导线也是经常采取的措施,需要掌握各种材料和工具的使用。

知识准备

在波音系列民用飞机上所有系统的每根导线/电缆都有标记,这些标记是用专用设备制作到导线/电缆绝缘层上面去的,在飞机不同区域使用的方法有所不同。现在最先进的导线/电缆标记机采用激光雕刻的方法把导线/电缆标记雕在导线/电缆的绝缘层上,这种方法标记清楚,不易磨损,就算是最细的导线标记也非常清晰,对导线/电缆的绝缘层不会造成损坏,不怕任何化学溶剂和液体泄漏等优点,同时还降低了标记工人的劳动强度,所有的飞机制造厂全部采用这种方法。导线/电缆标记(见图4-1)是为了民用航空器的维护人员在日常维护工作中检查电路和排除航空器故障时辨认导线或电缆、查找导线/电缆件号和查找绝缘去除工具使用。参照线路图解手册(WDM)的导线束清单,这些标记是以"W"字母开头后面跟着导线束编号(俗称导线束号)、导线的编号、导线颜色、导线的规格(横截面积);在航空器的每个飞行系统中可以安装一束导线束或多束导线束,一个导线编号代表是一根导线/电缆,在同一导线束里这根导线的编号是唯一的,同时导线编号也代表这根导线的种类或族群。如果你在维护工作中的某一区域同时发现两根相同的导线束标记,说明这根导线已经断开需要你把它拼接在一起。

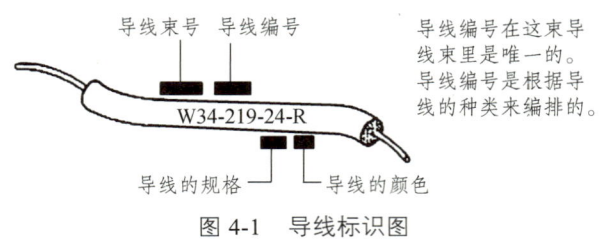

图4-1 导线标识图

在波音系列民用航空器在出厂时，导线束标记每隔 6~12 英尺作一个标记；导线束末端一般不超过 3 英寸作一个标记，3 英寸以下的导线可以不用作标记。两芯和多芯屏蔽电缆只在两端加套管作标记，单芯电缆和同轴电缆每隔 6~12 英尺做一个标记，这些导线/电缆上标记是由航空器的厂家使用激光设备雕刻到导线/电缆上的；在波音系列的民用航空器上为了增强航空器某个系统的功能或为民用航空器新增加功能的导线束都没有作标记，需要维护人员每隔 6 英尺要求做一个导线束标记；上述尺寸要求是最低要求，你在施工中可以高于这个标准，为了方便施工标记间隔可以做成每 3 英寸做一个标记，这样可以降低维护人员在改装飞机线路时降低维护人员的劳动强度，导线/电缆时标记编码可以横着书写也可以竖着书写。

一、导线捆扎

导线束捆扎线的作用是捆扎导线束和作为标记使用，例如：相线颜色标识（A 相红色、B 相绿色、C 相黄色）和系统导线束的隔离代码标识；需要去除导线束捆扎扣结时，使用剪钳剪切捆扎结处，以防伤其导线束和电缆。

1. 导线束在振动等级 1 级的捆扎方法

在振动等级 1 级区域（增压区域）的导线束可以使用直角结（见图 4-2）捆扎方法和平结捆扎方法（见图 4-3），捆扎扣的间距是导线直径的 1.5 倍至 2.5 倍，捆扎线留头 0.125~0.5 英寸（3.2~12.7 mm）。

图 4-2　直角节

图 4-3　平节

2. 导线束在振动等级 2 级和 3 级的捆扎方法

在振动等级 2 级区域（高振动区域）的导线束必须使用防滑直角结（见图 4-4）捆扎方法或防滑平结（见图 4-5）对导线束进行捆扎，对于发动机和 APU 上安装的导线束属于振动等级 3 级区域（高温高振动区域）必须使用防滑直角结对导线束进行捆扎（见图 4-6），防滑结里的导线尽量选择导线束的最外圈导线，最多可以取导线束总根数的 1/3 根，最少取 1 根；导线束防滑捆扎扣里的导线/电缆必须平行，不能出现交叉现象，否则会造成导线/电缆的损伤，导线束捆扎扣必须绷紧，导线/电缆的外层绝缘不能出现变形现象。

图 4-4　防滑直角节

图 4-5　防滑平结

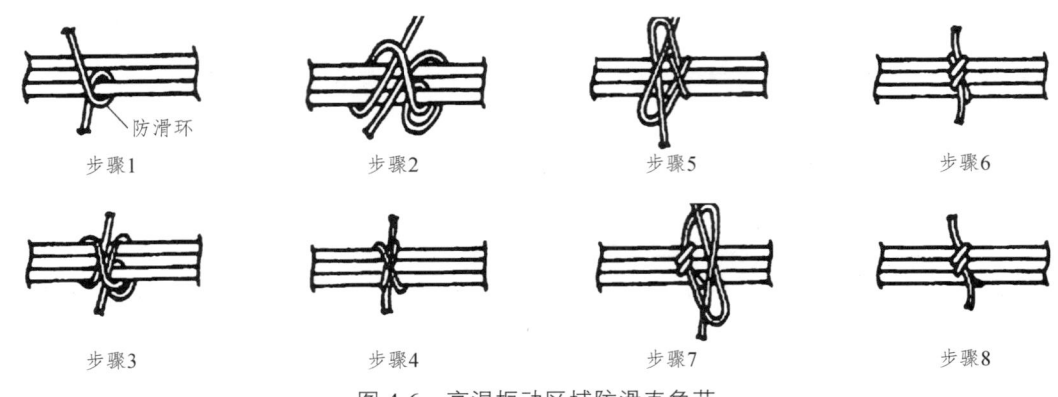

图 4-6 高温振动区域防滑直角节

3. 高振动区域导线束捆扎具体参数

在振动等级 2 级和振动等级 3 级区域，捆扎扣的间距是导线束直径的 1.5～2.5 倍，导线束捆扎扣间隔最大不能超过 2 英寸（见图 4-7），捆扎线留头 0.25～0.5 英寸（6.35～12.7 mm）。在发电机电源馈线或导线束直径大于 1.5 英寸（38.1 mm）时要使月双结（见图 4-8），所谓的双结就是在同一位置捆两个结。如果导线束使用防护胶带进行防护时，捆扎扣间隔最大为 6～8 英寸；如果需要在导线束上的标签进行固定时，导线束捆扎结不能位于导线束标签位置，如果需要允许在导线束上安装防护胶带在进行捆扎，确保捆扎后导线束的直径大于导线束的实际直径。

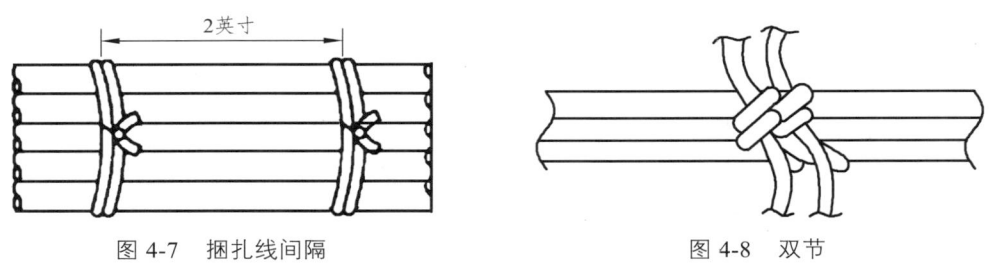

图 4-7 捆扎线间隔　　　　图 4-8 双节

4. 导线束捆扎要求

被捆扎的导线束内部导线/电缆必须相对平行（见图 4-9），不能出现交叉现象，否则会造成导线/电缆的损伤；导线束捆扎扣必须绷紧，导线/电缆的外层绝缘不能出现变形现象。捆扎扣不允许系在被修理的导线或电缆绝缘层位置，捆扎扣可以在拼接头上捆扎，对于 AWG16 号线或更细的导线在拼接头上需要使用防护套管或绝缘套管进行防护后在进行捆扎。需要标识系统导线束隔离代码时必须使用带颜色的捆扎线进行捆扎，不允许使用带黏性胶带标识系统隔离代码。在非增压区域如果需要使用塑料拉带替代，必须在每个塑料拉带位置使用防护胶带进行防护，不允许使用带黏性胶带将多束导线束捆扎在一起，在屏蔽电缆的地线上可以使用捆扎扣捆扎，导线束捆扎结不能处于导线束与绝缘套管或导线束与防护套管之间。

图 4-9 导线束捆扎图示

二、导线分线方法

导线束在分线时需要按照以下规定进行，如果是一根导线或电缆分线转弯半径是导线或电缆直径的 10 倍，如果是一根同轴电缆分线转弯半径要大于 1.5 英寸或 6 倍同轴电缆直径，如果是导线束分线最小转弯半径要大于或等于导线束直径，如果分支导线束里有屏蔽电缆转弯半径要大于 1.5 英寸或 6 倍分支导线束直径，如果分支导线束里包含 2 束或多束导线束分支导线束转弯半径要大于 1.5 英寸或 6 倍分支导线束直径。导线束在分线时必须遵循下述原则，分支导线束必须从主导线束的中心分出，而且分出的分支导线束要求平滑，主导线束与分支导线束要在一个平面上；分支导线束里的所有导线和每根相邻的导线必须是互为平行的；不管你使用捆扎线还是使用塑料拉带捆扎导线束，从主导线束开始分线前的捆扎结到分支第一个捆扎结的间距最大是 1 英寸；分支导线束不能与主导线束出现交叉现象，当分支导线束根数太少时，从相反方向进行分线；如果在维护工作中无法达到上述标准必须在捆扎之前增加防护措施进行防护，不允许使用带黏性的防护胶带。

三、导线束的安装

在飞机上安装的每根导线和导线束都有属于它自己的走向，只不过不同的飞机制造厂商对导线束和导线的标识方法略有不同，导线束布线全部遵循先从主导线束走向布线图→每根导线束走向布线图→每个导线走向布线图。

1. 飞机主导线束走向

波音系列飞机的主导线束是按照从机头方向向机身尾部延伸，沿着机翼前缘和后缘向翼尖方向延伸，沿着尾翼前缘和后缘向翼尖方向延伸；再沿着每个段位前侧和后侧的横刎面方向进行布线。

2. 飞机导线束和导线走向

波音系列飞机的导线束是按照主导线束的走向进行布线的，导线是按照导线束的走向进行布线的，导线的具体从哪个设备支架到另一个设备架或终端布线的详细走向、卡子安装固定、转弯、分线、防护、隔离、隔离方式和具体隔离参数等等，全部在波音飞机制造厂的布线文件中标注，维修单位只有在进行系统线路改装时见到这些详细的导线束和导线走向的布线图，如果你需要可以根据设备的计算机数据库的编码到波音公司网站服务器上下载即可，波音公司网站服务器下载服务需要波音公司技术部门授权。

四、接线片夹接防护与安装

根据导线的线号和螺栓尺寸在表 4-1 中找到你需要的接线片件号，假设有一根 20 号导线且连接接线片的螺栓尺寸是 10 min，接线片的件号是 BACT12AC3。根据接线片夹接筒号在表 4-2 中找到你需要的接线片夹接工具件号，以 BACT12AC3 接线片为例在表 4-2 中夹接工具有多种选择，主要取决于你手上有哪些夹接工具可以选择，如果你想选最好使用的夹接工具就是 46110 和 59250，主要原因就是你不需要再选工具夹接头、定位器和模块，这些夹接工具附件使用起来非常麻烦。

表 4-1 接线片件号

夹接筒号	CAU 范围		绝缘层颜色	螺栓孔尺寸/mm	波音标准件号
	最小	最大			
22-18	7	24	红色	4	BACT12AC48
				6	BACT12AC1
					BACT12AC2
				8	BACT12AC49
				10	BACT12AC3
				1/4	BACT12AC50

表 4-2 夹接工具件号

夹线筒号	绝缘层颜色	夹接工具			
		基本件号	定位器	工具头部	模块
22-18	红色	314597-( )	—	—	314270-1
		314597-( )	—	—	314270-2
		46110	—	—	—
		4B2-457540-6	—	687658-1	69872
		59250	—	—	—

根据 BACT12AC3 接线片夹接筒在表 4-2 中找到你需要的接线片和夹接工具的件号；从导线末端去除需要的绝缘长度，如果是一根 AWG 24 号导线夹接在一个 22-18 接线片的夹接筒上，从导线末端去除两倍的绝缘长度芯线且折回弯；确保导线在接线片夹接筒范围之内，接线片的绝缘筒能够夹住导线绝缘层，剪去影响垫片和螺母安装位置多余的芯线，芯线不能存在划痕和断丝现象，如果使用导线绝缘层热去除工具，热刀不能切到导线中心，绝缘层不能出现明显过热或气泡现象，在导线芯线上不能存在残留绝缘层；将去除绝缘层的导线送入接线片的夹接筒，确保导线所有的芯线在夹接筒之中，芯线末端伸出接线片的夹接筒，导线绝缘层进入接线片的绝缘筒；如果接线片连接的是 AWG10 和更细的单根导线，芯线露出夹接筒最大 0.06 英寸，如果接线片连接的是 AWG8 和更粗的单根导线，芯线露出夹接筒最大 0.10 英寸（见图 4-10）；如果接线片没有绝缘筒，使用 AWG 10 和更细的单根导线，接线片夹接筒末端距离导线绝缘层末端最大 0.12 英寸，使用 AWG 8 和更粗的单根导线，接线片夹接筒末端距离导线绝缘层末端最大 0.25 英寸；如果接线片有绝缘筒将夹接工具调整到合适的绝缘夹接位置，将接线片放置在夹接工具的模块上，通过压紧夹接工具手柄使其防倒转棘轮释放模块，一旦模块开始压接必须等到夹接工具模块完全夹接结束后防倒转棘轮才能释放模块；将接线片放到夹接工具的夹接模块上，夹接工具的定位卡住接线片的夹接筒，接线片舌部向上与夹接工具定位平行，按压夹接工具手柄使模块固定住接线片，但不能使接线片夹接筒变形，将去除绝缘导线送入接线片的夹接筒芯线并顶到定位止线端，确保导线所有的芯线在夹接筒之中，芯

线末端伸出接线片的夹接筒，导线绝缘层进入接线片的绝缘筒；通过挤压夹接工具手柄使棘齿到达力矩时释放完成夹接过程完成接线片的夹接。

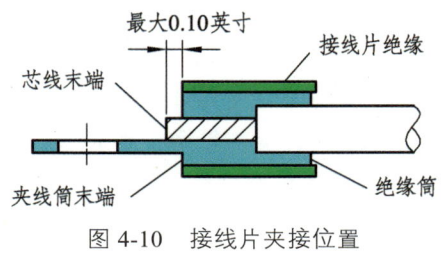

图 4-10　接线片夹接位置

五、屏蔽地线制作

在屏蔽电缆上的屏蔽地线不是必须安装在规定的位置，如果是数字电缆屏蔽接地线装配时，如果需要屏蔽层可以延伸，接线终端与延伸长度不能超过 6 英寸。

如果连接 2 个或 2 个以上的屏蔽地线时，屏蔽地线必须使用 AWG20 号导线，在接地螺丝上最多可以连接 6 个终端，5 个以下屏蔽地线终端接地采用并联方式连接，5 个及 5 个以上屏蔽地线终端接地采用闭合环形方式连接。

1. 金属小环冷压接法

根据温度等级选择热缩管的件号，根据屏蔽电缆的使用环境和电缆外层选择 RSK 金属小环的件号，RSK 金属小环的最小直径大于电缆屏蔽层回折直径。截取最小长度的屏蔽地线，从屏蔽电缆末端去除最小 0.35±0.10 英寸电缆外层绝缘，在屏蔽电缆外层绝缘层末端将屏蔽层向后折回，确保在电缆上的屏蔽层沿着电缆周围均有对称且平齐；在表 4-2 中根据金属小环的件号选择夹接工具，从绝缘导线末端去除 0.3±0.10 英寸的绝缘层，将金属小环卡在夹接工具的上下模块中心，将绝缘去除完成的导线放置在金属小环卡子上，将屏蔽电缆放在金属小环的底部，确保金属小环的后末端与屏蔽层后末端平齐，根据具体需要可以从前出线也可以从后出线，夹接金属小环完成夹接工作。根据温度等级选择热缩管，夹接后的金属小环直径必须在热缩管的收缩范围之内，热缩管的长度等于金属小环的长度、金属小环前末端与热缩管末端的距离（最少 0.25 英寸）与金属小环后末端与热缩管末端的距离（最少 0.50 英寸）之和；截取合适长度的热缩管套在夹接完成的金属小环上，按照 20-10-14 热缩管施工程序进行施工。

2. 焊锡套管焊接法

从屏蔽电缆末端去除需要的外层绝缘，在屏蔽电缆绝缘层末端留出 0.25±0.06 英寸屏蔽层，将屏蔽电缆末端的屏蔽层向后回折，确保回折屏蔽层围绕电缆绝缘层分布对称均匀且平齐；根据测量屏蔽电缆末端的屏蔽层向后回折直径选择合适的焊接套管，将焊接套管放置到屏蔽电缆上，焊接套管的大头端与屏蔽地线同方向；将焊接套管放置到合适位置，焊接环位于回折屏蔽层中心，按照 20—10—14 施工程序进行施工，确保焊环固定在正确位置，焊环且的焊接材料熔化 75% 以上，完成屏蔽电缆地线制作程序。

六、导线、电缆和屏蔽电缆修理

在波音系列的飞机上允许修理的导线，芯线损伤 20%及以上时，必须进行永久性修理；发动机及其 APU 部分发电机的电源馈线当发现芯线损伤20%及以上时，不允许修理必须更换；如果芯线没有达到 20%时只需要进行绝缘层修理工作。从导线绝缘损伤区域去除多余的绝缘且确保绝缘层表面平滑，使用异丙醇清洁导线绝缘，确保清洁导线绝缘损伤区域，清洁导线损伤每侧大约 3 英寸的绝缘区域且清洁区域干燥；如果在绝缘损伤区域出现空洞，使用温度等级 D 类的薄膜胶带或使用温度等级 D 类的 TFE 胶带进行填充并使导线绝缘层表面平滑，确保多层薄膜胶带的每一侧末端延伸损伤区域最小距离是 0.25 英寸，确保胶带最小重叠 50%缠绕，在绝缘损伤处最少缠绕两侧绝缘层，第二层需要与第一层缠绕方向相反。也可以选择温度等级 D 类的 TFE 胶带或温度等级 C 类的硅树脂胶带，确保胶带的温度等级符合导线的安装位置，选择相同温度等级的热缩管也是比较合适的；在绝缘损伤区域缠上两层胶带，如果选择多层薄膜胶带需要将孔洞填充，每一侧胶带末端延伸多层薄膜胶带最小距离是 0.75 英寸，每一侧胶带末端的末端延伸损伤区域最小距离是 1 英寸，确保胶带最小重叠 50%缠绕，在绝缘损伤处最少缠绕两侧绝缘，第二层需要与第一层缠绕方向相反。在导线绝缘修理胶带的每个末端大约 0.25 英寸处使用相同温度等级的扎线进行捆扎。

安全管理

1. 线路施工开始之前要做好以下工作，以防止人员伤害和设备损坏。
（1）要确认需要维护的系统。
（2）拨开相应系统地跳开关，挂上警告标签，为确保跳开关在"关"位，要装上卡箍。
（3）断开相应系统的电门，并挂上警告标签。
2. 线路施工结束以后：
（1）确信各电门和其控制手柄是在相应的位置上。
（2）取下警告标签和卡箍，复位工作之前所拨开的跳开关，复位相应的电门。
（3）给系统供电，按手册进行所需的操作检查。
3. 跳开关复位：

跳开关在线路中充当保险用途。切记：当跳开关跳出时，必须先确定导致这种现象的原因，排除相应系统故障后，才能复位该跳开关。

任务实施

实施说明：围绕飞机标准线路施工完成以下任务，分别是：屏蔽地线的制作和防护，电缆的修理，接线片夹接、防护和接地桩的安装，插头更换和焊接连接器到终端，插钉和导线标识更换，标准线路施工（接线片修理），标准线路施工（导线更换），标准线路施工（插钉的更换），自动关闭电路的制作，蜂鸣器电路制作。

工作任务 12　屏蔽地线的制作和防护

工作编号：	工作名称：屏蔽地线的制作和防护	
实训课时：120 分钟	工作日期：	工作地点：

1. 系统了解。
标准施工在 ATA100 体系中章节号为＿＿＿＿＿＿＿＿＿＿＿。
2. 翻译如下标准施工的描述（节选自波音 737-500AMM 手册）。

B. Many electronic line replaceable units (referred to as LRUs) contain micro-circuits and other sensitive devices which can be damaged internally by electrostatic discharges. These LRUs are identified as Electrostatic Discharge Sensitive (referred to as ESDS). The placards installed on the ESDS LRUs show that you must be careful. The persons who remove, install, and move the ESDS LRUs must know about static electricity and the protection from static discharges that is necessary.

C. Electrostatic charges can be caused by these: human bodies, hair, clothing, floors, equipment racks, and equipment units. An electrostatic discharge is electrostatic energy transmitted between materials of different electrical potentials. Electrostatic discharges from nylon clothing or human hair onto polyethylene or steel can cause damage to ESDS components. Damage to the internal components of an ESDS LRU can cause failure with one static discharge. System properties can change with time because of many static discharges.

3. AMM 手册中找到关于静电放电敏感器件施工章节号＿＿＿＿＿＿＿＿＿＿。
在 IPC 手册中找到关于静电放电敏感器件施工章节号＿＿＿＿＿＿＿＿＿＿。

4. 工作前准备。

准备项目	准备工作	完成签署	检查签署
工具和设备	标准线路施工通用工具箱、防静电腕带、防静电腕带测试器（图 4-11）、插钉夹接钳（M22520/2-01+M22520/2-02）、毫欧表、接触力测试工具、退钉工具（DRK20）、送钉工具（DAK20）、热风枪		
劳保用品	焊锡环（BACS13CT3C）、插钉 TD（BACC47CN1STD/BACC47CP1STD）、扎线绳 TD		
注意事项	（1）线路施工，注意静电防护； （2）热风枪使用过程中，注意防火； （3）焊锡环要完全融化		
授权	获得指导老师工作授权（必检）		*

5. 操作。

操作流程	工作者签署	检查签署
（1）手册查询。 维修中发现 N240AT 飞机导线 W011-661-24R/W011-662-24B 末端连接在 E1-3 架上插头的屏蔽地线脱落，需要重新制作屏蔽电线；查询以下信息： 导线件号：_____焊锡环件号：_____ 插钉件号：_____剥线工具件号：_____ 屏蔽地线制作章节号：_____热风枪件号：_____ 热缩程序章节号：_____		
（2）施工步骤。 ① 拆卸导线束的线卡。 ② 用插头钳拆下插头（图 4-12）。 ③ 拆除导线束的线束节。 ④ 用退钉工具将双绞电缆的两颗插钉退出插头。 检查插钉：_____		
⑤ 用退钉工具将屏蔽地线的插钉退出插头。 检查屏蔽地线损伤：_____ ⑥ 修整屏蔽电缆（JACKET 和屏蔽网），使导线满足屏蔽地线的制作要求（图 4-13、图 4-14）。 ⑦ 将焊锡环按照手册要求套在屏蔽电缆上。 ⑧ 用热风枪将焊锡环热缩到其位置。		
⑨ 按照手册要求修整屏蔽地线的长度。 ⑩ 将屏蔽地线插钉夹接到屏蔽地线上。 ⑪ 将导线的插钉夹接在导线上。 ⑫ 测量屏蔽地线到机身的导通性（图 4-15、图 4-16）。 导通性：_____		

续表

操作流程	工作者签署	检查签署
⑬ 用送钉工具将插钉送到相应位置。 ⑭ 测试插钉安装质量。测试结果：_____ ⑮ 安装插头（如适用）和显卡。		

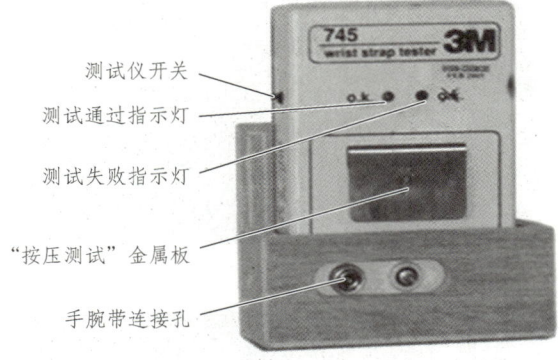

图 4-11　防静电腕带测试器

图 4-12　插头

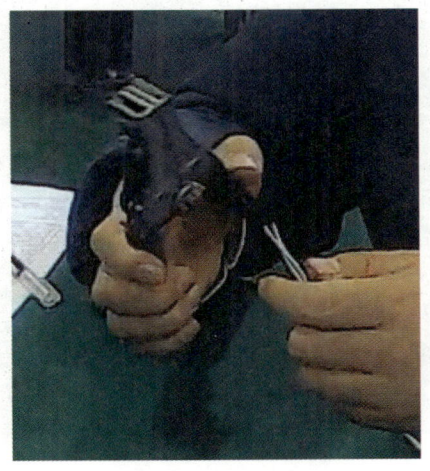

图 4-13　剥除导线

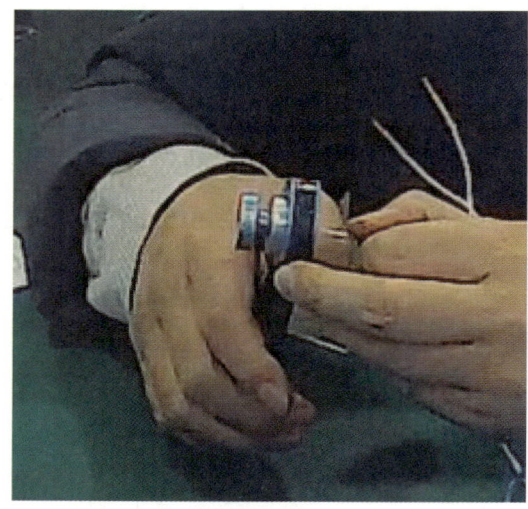

图 4-14　压接工具

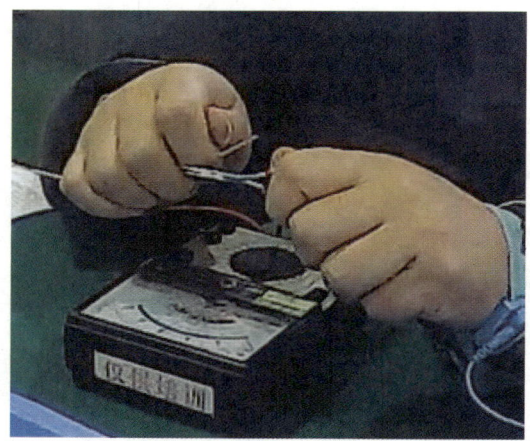

图 4-15　测试导通性

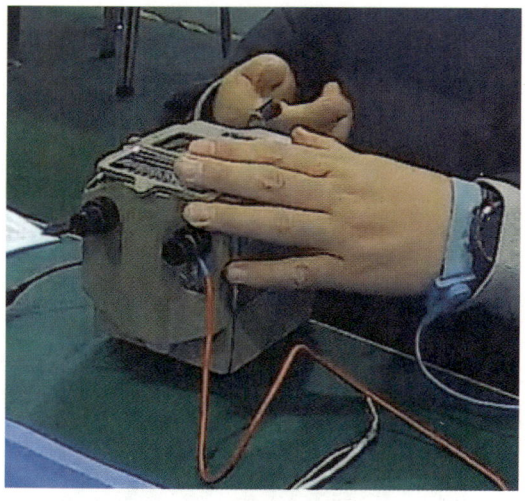

图 4-16　测试绝缘性

6. 完工状态。

工作结束后的检查和场地恢复	工作签署	检查签署
(1) 检查各个指定位置保险装置安装的状态，避免出现错装、漏装的现象		
(2) 清点、检查工具的状态和数量，并将工具归还至指定位置		
(3) 清点、检查剩余的耗材，并将其归还至指定位置		
(4) 检查、清理工作场地，确保工作场地中没有遗留任何多余物		
(5) 获得指导教师完工签署		×

工作任务 13 电缆的修理

工作编号：	工作名称：电缆的修理	
实训课时：120 分钟	工作日期：	工作地点：

1. 系统了解。

标准施工在 ATA100 体系中章节号为_____。

2. 翻译如下标准施工的描述（节选自波音 737-500AMM 手册）。

A. Use these procedures to verify the integrity of the control cable system. The procedures must be performed along the intire cable run in each system. To ensure verification of the portions of the cables that are in contact with pulleys and quadrants, the control cables must be moved by operation of the applicable systems controls, to expose those portions of the cables.

B. The first task is an inspection of the control cable wire rope.

C. The second task is an inspection of the control cable fittings.

D. The third task is an inspection of the pulleys.

E. These three tasks may be performed concurrently at one location of the cable system on the airplane if desired for convenience.

3. AMM 手册中找到关于电缆的修理施工章节号_____。

在 IPC 手册中找到关于电缆的修理施工章节号_____。

4. 工作前准备。

准备项目	准备工作	完成签署	检查签署
工具和设备	标准线路施工通用工具箱、防静电腕带、防静电腕带测试器、夹接钳（AD-1377）、LRC 表、兆欧表、热风枪		

续表

准备项目	准备工作	完成签署	检查签署
劳保用品	拼接管 TD（D-609-07TD）、胶带 TD、热缩管（5 mm）TD、热缩管（8 mm）TD、扎线绳 TD		
注意事项	（1）线路施工，注意静电防护； （2）热风枪使用过程中，注意防火； （3）焊锡环要完全融化		
授权	获得指导老师工作授权（必检）		*

5. 操作。

操作流程	工作者签署	检查签署
（1）手册查询部分。 维修中发现 B-2526 飞机导线 W0034-219/220-24 绝缘层出现磨损，两根线的线芯已经磨损过半，现需对其进行修理，查询以下信息： 导线的件号：_____ 绝缘层去除工具（INSULATION）：_____ 夹接工具件号：_____ 拼接套件（SPLICE KIT）件号：_____ 拼接管件号：_____ 热风枪件号：_____		
（2）施工步骤。 ① 拆卸导线束的支撑线卡（如适用）。 ② 拆除导线束的线束节。 ③ 检查电缆的损伤状况。 检查结果：_____。		
④ 去除损伤区域长度的导线电缆。 ⑤ 清洁电缆。 ⑥ 剪一定长度的热缩管。 ⑦ 将热缩管套在电缆上。		
⑧ 将拼接套件套管套在导线。 ⑨ 去除导线绝缘层。 ⑩ 夹接拼接管。 ⑪ 热缩热缩管。 ⑫ 按照手册要求缠绕胶带。 ⑬ 按照手册要求热缩热缩管。		
（3）检查测试。 ① 检查测试电缆的导通性。 导通性：_____ ② 检查测试电缆的绝缘性。 绝缘性：_____ ③ 安装并检查导线束的线束节和支撑线卡（如适用）。 电缆修理参考图如图 4-17～图 4-28 所示。		

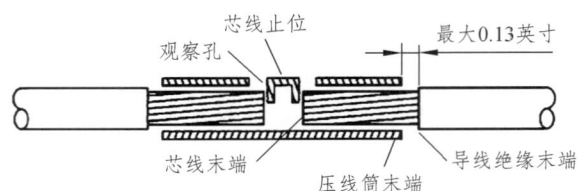

图 4-17 电线连接片安装示意

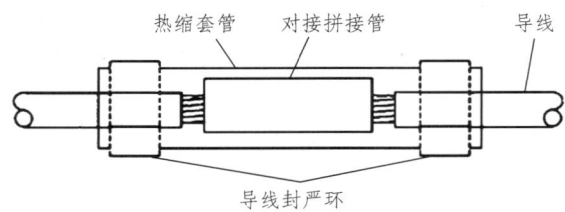

图 4-18 单线连接片位置

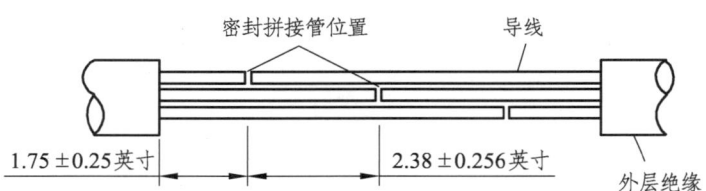

图 4-19 电缆修理位置需要错开

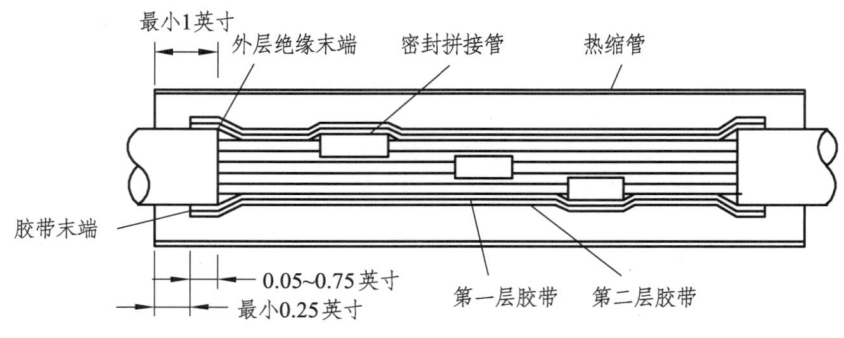

图 4-20 电缆连接片构型

模块 4　飞机标准线路施工

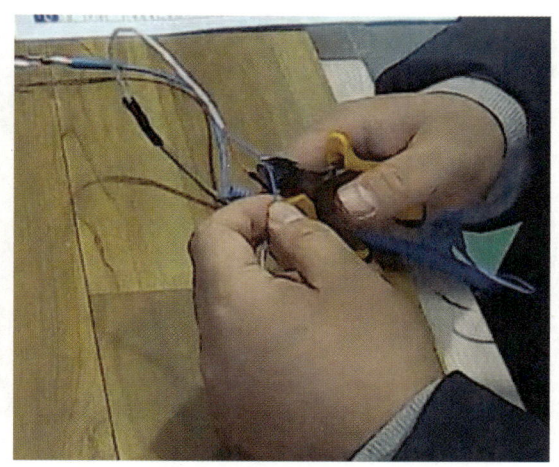

图 4-21　剪开电线

图 4-22　夹接线片

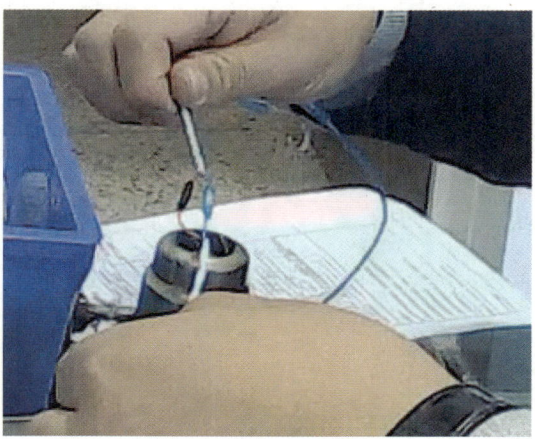

图 4-23　热风枪加热

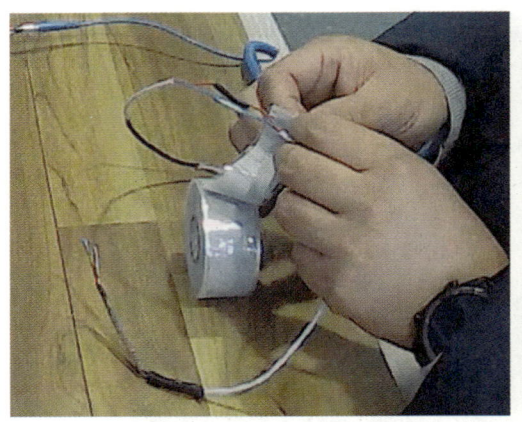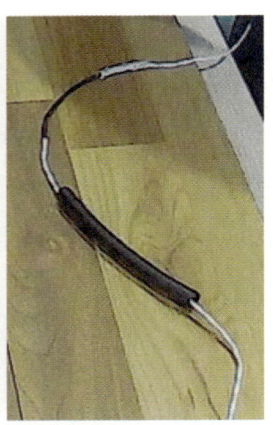

图 4-24　包裹绝缘层

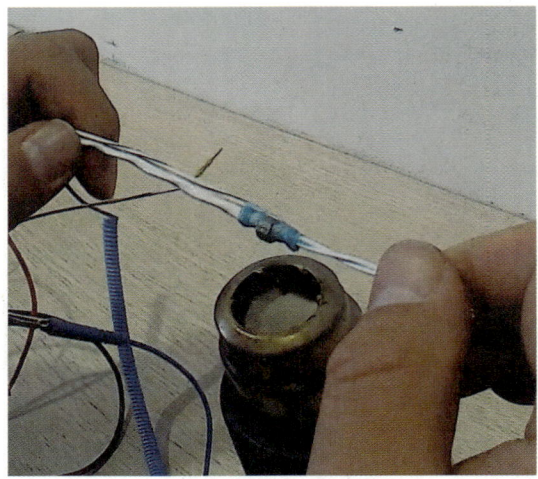

图 4-25　热缩管

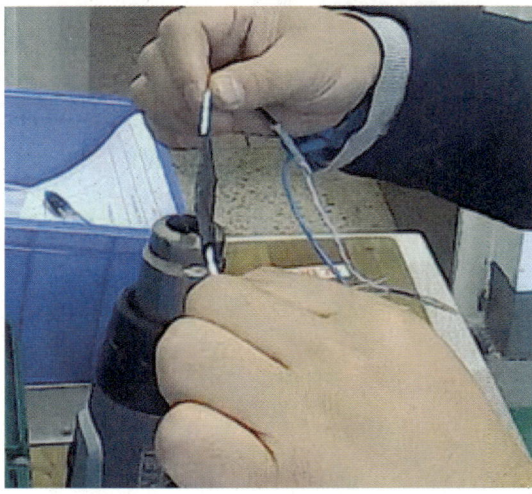

图 4-26　加热热缩管

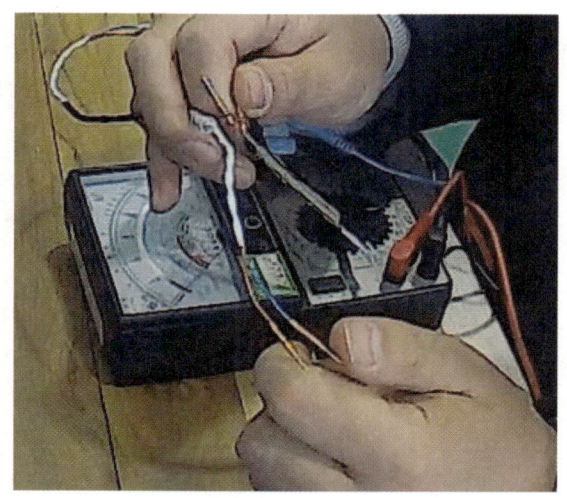

图 4-27　测量电阻

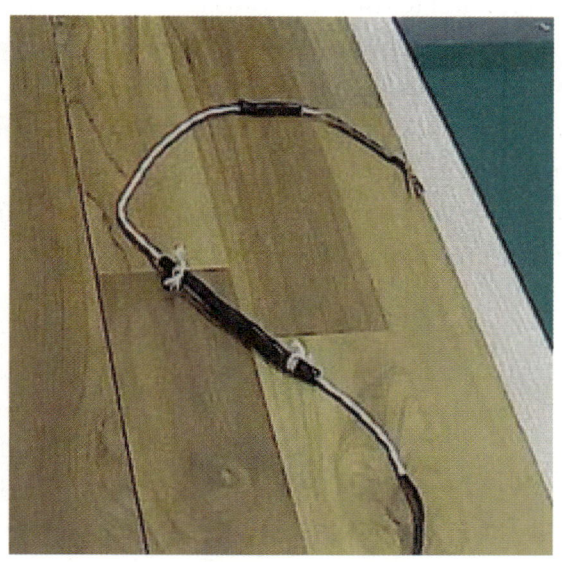

图 4-28　完成修理

6. 完工状态。

工作结束后的检查和场地恢复	工作签署	检查签署
（1）检查各个指定位置保险装置安装的状态，避免出现错装、漏装的现象		
（2）清点、检查工具的状态和数量，并将工具归还至指定位置		
（3）清点、检查剩余的耗材，并将其归还至指定位置		
（4）检查、清理工作场地，确保工作场地中没有遗留任何多余物		
（5）获得指导教师完工签署		*

工作任务 14 接线片夹接、防护和接地桩的安装

工作编号：	工作名称：接线片夹接、防护和接地桩的安装	
实训课时：120 分钟	工作日期：	工作地点：

1. 系统了解。
标准施工在 ATA100 体系中章节号为_____。
2. 翻译如下标准施工的描述（节选自波音 737-500AMM 手册）。

A. This procedure contains these tasks:

(1) Static Ground procedure

(2) Bonding procedure

(3) Measure Airplane Electrical Resistance to Ground

B. Grounding (Static Grounding) is the process of connecting one or more metal objects and ground conductors to ground electrodes (an electrical path to earth).

C. Bonding is the process of connecting two or more metal objects together with a conductor.

D. During normal pressure refueling of the airplane:

(1) An electrical bond is necessary between the airplane and the refueling vehicle.

E. Static grounding is required during overwing refueling.

3. AMM 手册中找到关于静电接地施工的章节号_____。
在 IPC 手册中找到关于静电接地施工章节号 _____。
4. 工作前准备。

准备项目	准备工作	完成签署	检查签署
工具和设备	标准线路施工通用工具箱、防静电腕带、防静电腕带测试器、开口扳手（大小按需）、夹接钳（59250）、毫欧表、热风枪		

续表

准备项目	准备工作	完成签署	检查签署
劳保用品	扎线绳 TD、热缩管（5 mm）TD、接线片 TD（BACT12AC3TD）。		
注意事项	线路设备施工注意静电防护。		
授权	获得指导老师工作授权（必检）。		*

5. 操作。

操作流程	工作者签署	检查签署
（1）手册查询。 维修中发现 N240AT 飞机的导线 W011-775-22 导线一端连接的接线片已经损坏，需要修理，查询以下信息： 　导线的类型代码：＿＿＿＿＿＿＿＿＿＿＿＿＿＿＿＿ 　导线件号：＿＿＿＿＿＿＿＿＿＿＿＿＿＿＿＿ 　接线片施工程序章节号：＿＿＿＿＿＿＿＿＿＿＿＿＿＿＿＿ 　接线片件号：＿＿＿＿＿＿＿＿＿＿＿＿＿＿＿＿ 　夹接工具件号：＿＿＿＿＿＿＿＿＿＿＿＿＿＿＿＿ 　接地桩安装程序章节号：＿＿＿＿＿＿＿＿＿＿＿＿＿＿＿＿ 　接线片测量程序章节号：＿＿＿＿＿＿＿＿＿＿＿＿＿＿＿＿ 　测量工具件号：＿＿＿＿＿＿＿＿＿＿＿＿＿＿＿＿ 　要求的接线片电阻值：＿＿＿＿＿＿＿＿＿＿		
（2）拆卸接线片施工步骤。 ① 拆除接线片（图 4-29）所在线束的线卡（如果适用）。 ② 拆除接线片导线所在线束的线束节。 ③ 用工具将接线片从接地桩上拆下。 ④ 检查接线片的状况。　　检查结果：＿＿＿＿＿＿＿＿＿＿ ⑤ 拆下接地桩剩下的部件。 ⑥ 检查接地桩的状态。　　检查结果：＿＿＿＿＿＿＿＿＿＿		
（3）接线片的夹接施工步骤。 ① 将损坏的接线片从导线上剪除。 ② 按照手册要求剥除导线的绝缘层。 ③ 将新的接线片放入夹接工具内。 ④ 将导线线芯放入接线片夹接筒内。 ⑤ 夹接接线片（图 4-30）。 ⑥ 检查夹接完的接线片。　　检查结果：＿＿＿＿＿＿＿＿＿＿		

续表

操作流程	工作者签署	检查签署
（4）接地桩和接线片的安装施工步骤。 ① 清洁接地桩安装位置的机体结构。 ② 将接地桩按照手册要求安装在其位置（图 4-31、图 4-32）。 ③ 将接线片按照手册要求安装在其位置。 ④ 测量接线片的接地电阻（图 4-33 ~ 图 4-35）。 测量电阻值：_____		
（5）恢复导线施工步骤。 ① 用扎带对导线束进行捆扎。 ② 恢复导线的线卡。插钉和导线取出后，将工具从钉孔中取出。 （6）从滑轨上拆除接地线组件。 （7）拧松卡子螺钉，直到卡子能被取出。 （8）结束工作：将工作区域恢复到正常状态。		

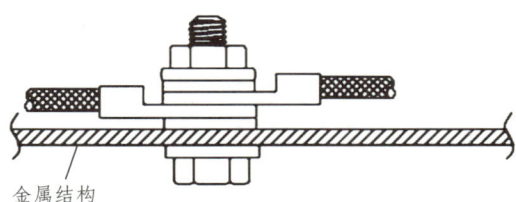

图 4-29 接线片示意

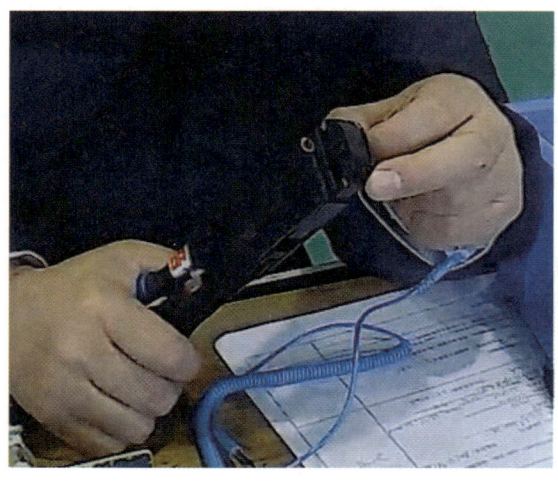

图 4-30 夹接接线片

模块 4　飞机标准线路施工

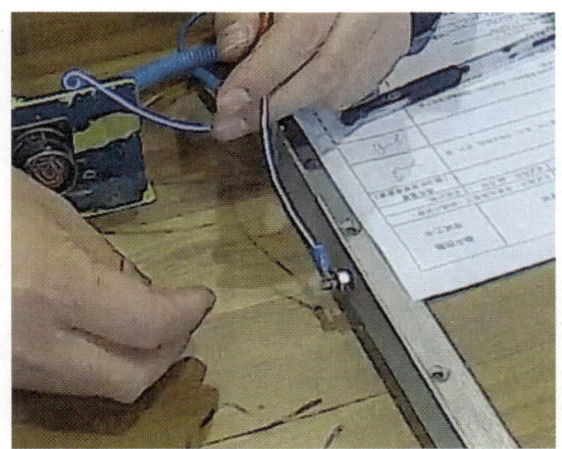

图 4-31　安装到接地螺丝上

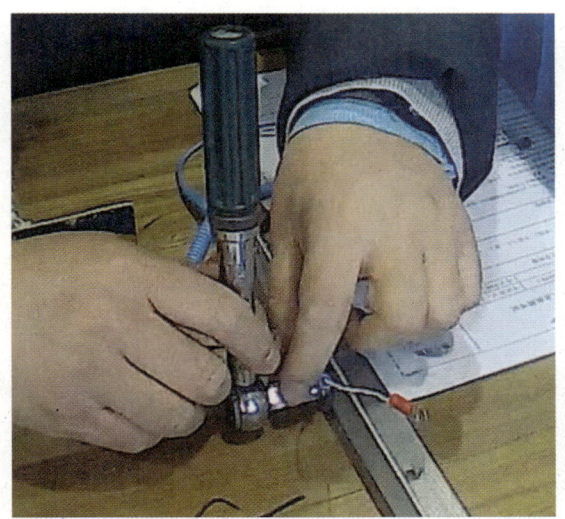

图 4-32　拧紧螺母

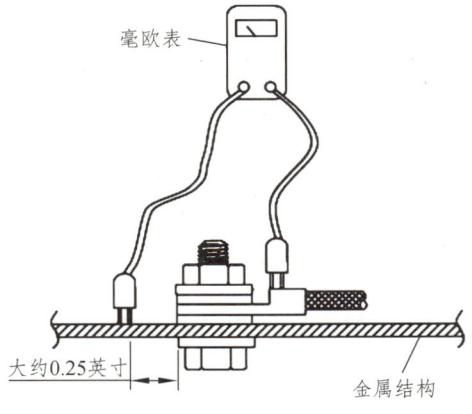

图 4-33　测试接地电阻

图 4-34　测量电线与结构的电阻

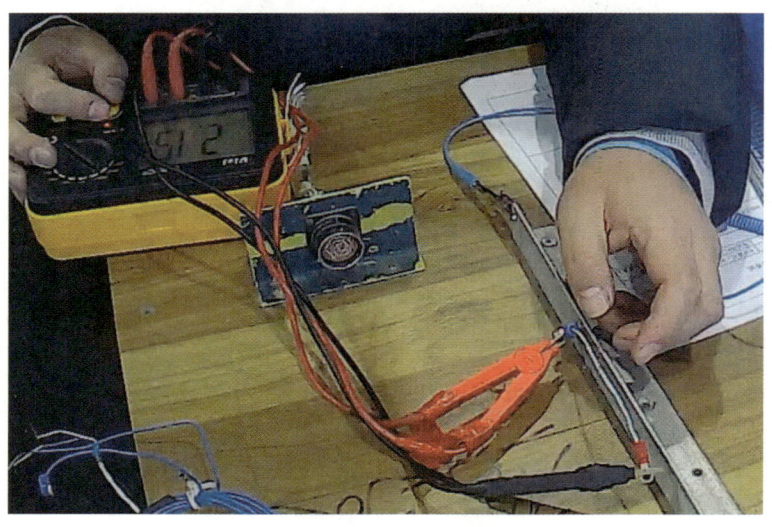

图 4-35　测量一端与接地螺丝的电阻

6. 完工状态。

工作结束后的检查和场地恢复	工作签署	检查签署
（1）检查各个指定位置保险装置安装的状态，避免出现错装、漏装的现象		
（2）清点、检查工具的状态和数量，并将工具归还至指定位置		
（3）清点、检查剩余的耗材，并将其归还至指定位置		
（4）检查、清理工作场地，确保工作场地中没有遗留任何多余物		
（5）获得指导教师完工签署		*

工作任务 15　插头更换和焊接连接器到终端

工作编号：	工作名称：插头更换和焊接连接器到终端	
实训课时：120 分钟	工作日期：	工作地点：

1. 飞机线路中起传输作用的导线、连接器、开关接线端子等，通过端接的方式连接到一起，使飞机各系统之间互联，形成一个整体，从而控制飞行。而目前的端接方式主要有焊接和压接两种。如何高效地完成焊接工作，同时保证其牢固性和可靠性是本任务的最终目的。

2. 工作前准备。

准备项目	准备工作	完成签署	检查签署
工具和设备	标准线路施工通用工具箱、插头钳、电烙铁、仪表螺丝刀套件、防静电腕带、防静电腕带测试器		
劳保用品	焊锡、焊锡膏、扎线绳 TD		
注意事项	（1）线路施工注意静电防护 （2）焊接过程中，注意电烙铁温度，防止着火 （3）插头更换过程中，不要损坏插钉		
授权	获得指导老师工作授权（必检）		*

3. 操作。

操作流程	工作者签署	检查签署
（1）手册查询部分。 维修中发现 N240AT 飞机 D00042 插头后部焊接的插钉的导线脱落，查找插头的件号和焊接插钉的施工章节号。 插头件号：＿＿＿＿＿＿＿＿ 施工章节号：＿＿＿＿＿＿＿＿		
（2）连接器的更换——运-7 飞机电子设备架插头更换。 拆下连接器。 断开飞机电源主电门。 检查防静电腕带。 测量静电腕带的电阻。　　电阻值：＿＿＿＿＿＿＿ 判断静电腕带的是否能够正常工作。 戴上静电腕带、将静电腕带正常接地。 检查指定的插头。 用插头钳将插头从插座上拧下（如适用）。 取下插头。 检查插头内插钉情况以及插头内无异物。 用堵盖封堵插头。		

续表

操作流程	工作者签署	检查签署
用工具将插座的固定螺钉拆下。 取下插座。 检查插座内插钉情况以及插座内无异物。 用堵盖封堵插座。		
（3）安装连接器。 断开飞机电源主电门。 检查防静电腕带。 测量静电腕带的电阻。　　电阻值：_____ 判断静电腕带的是否能够正常工作。 戴上静电腕带。 将静电腕带正常接地。 将插座安装在固定底座上，拧紧固定螺钉。 取掉插头插座的堵盖，检查插头插座。 将插头安装至插座上（如适用）。 用插头钳拧紧插头（如适用）。 检查插座的安装情况。		*
（4）焊接导线到插钉（图4-36~图4-39）。 拆除导线束的线卡（如果适用）。 拆除插头尾部线束的线束节。 将脱开的导线从插钉内取出。 将原有的导线上的热缩管去掉。检查插钉的状态。 在导线上安装新的热缩管。 按照手册要求，剥除导线的绝缘层。 备注：当导线完全放入插钉内，导线绝缘层末端距离插钉末端不大于0.06英寸。 用电烙铁将焊锡熔化入插钉桶内。 用电烙铁将焊锡熔化在导线线芯上。 将导线线芯放入插钉桶内等焊锡熔化，导线固定在插钉桶内——如未完全焊接好，可以继续施工。 检查焊接质量。 将热缩管移至插钉末端。 用热风枪热缩热缩管。 用塑料扎带捆扎导线束。		

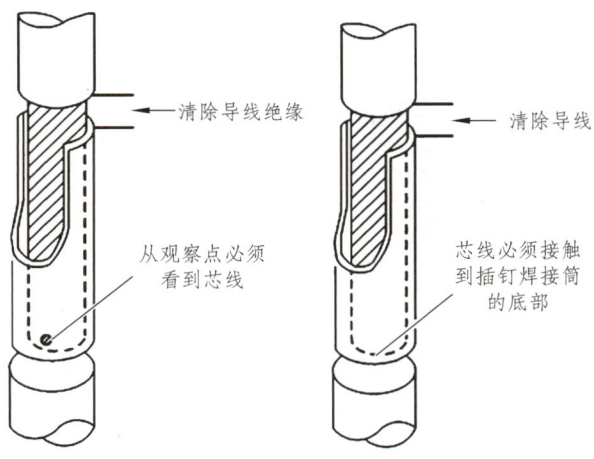

图 4-36　导线需安装到位

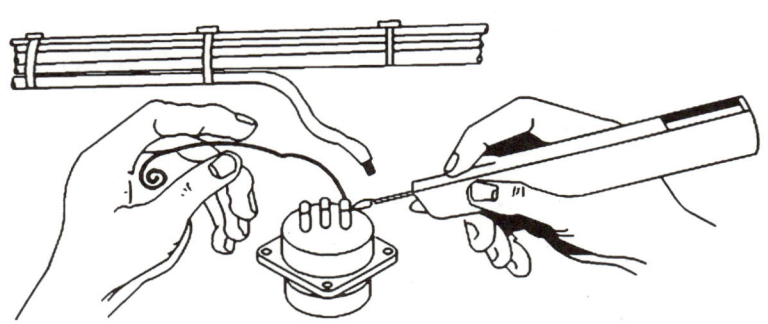

图 4-37　导线槽中预先注入焊锡

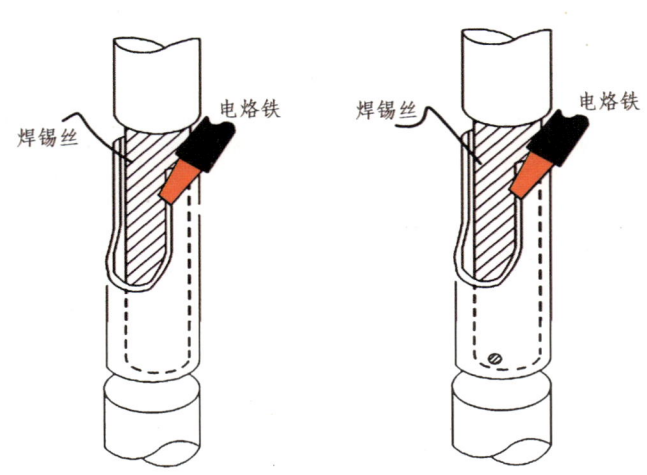

图 4-38　包容式焊接方法

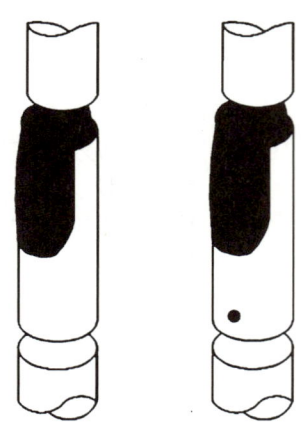

图 4-39 包容式焊接完成

4. 完工状态。

工作结束后的检查和场地恢复	工作签署	检查签署
（1）检查各个指定位置保险装置安装的状态，避免出现错装、漏装的现象		
（2）清点、检查工具的状态和数量，并将工具归还至指定位置		
（3）清点、检查剩余的耗材，并将其归还至指定位置		
（4）检查、清理工作场地，确保工作场地中没有遗留任何多余物		
（5）获得指导教师完工签署		*

工作任务 16　插钉和导线标识更换

工作编号：	工作名称：插钉和导线标识更换	
实训课时：90 分钟	工作日期：	工作地点：

1. 系统了解。

标准施工在 ATA100 体系中章节号为_____。

2. 翻译如下标准施工的描述（节选自波音 737-500AMM 手册）。

B. Many electronic line replaceable units (referred to as LRUs) contain micro-circuits and other sensitive devices which can be damaged internally by electrostatic discharges. These LRUs are identified as Electrostatic Discharge Sensitive (referred to as ESDS). The placards installed on the ESDS LRUs show that you must be careful. The persons who remove, install, and move the ESDS LRUs must know about static electricity and the protection from static discharges that is necessary.

C. Electrostatic charges can be caused by these: human bodies, hair, clothing, floors, equipment racks, and equipment units. An electrostatic discharge is electrostatic energy transmitted between materials of different electrical potentials. Electrostatic discharges from nylon clothing or human hair onto polyethylene or steel can cause damage to ESDS components. Damage to the internal components of an ESDS LRU can cause failure with one static discharge. System properties can change with time because of many static discharges.

3. AMM 手册中找到关于静电放电敏感器件施工章节号_____。

在 IPC 手册中找到关于静电放电敏感器件施工章节号_____。

4. 工作前准备。

准备项目	准备工作	完成签署	检查签署
工具和设备	标准线路施工通用工具箱、插钉夹接钳（M22520/2-01+M22520/2-0）、接触力测试工具、退钉工具（DRK20）、送钉工具（DAK20）、防静电腕带、防静电腕带测试器		
劳保用品	导线标识套管 TD、插钉 TD（BACC47CN1STD/BACC47CP1STD）、扎线绳 TD		
注意事项	（1）线路施工注意静电防护； （2）插钉夹接工具属于精密夹具，使用过程中，注意保护工具		
授权	获得指导老师工作授权（必检）		*

5. 操作。

操作流程	工作者签署	检查签署
维修中发现 N240AT 飞机导线 W025-123-22 导线上的导线标识管磨损严重，需要更换；脱开导线连接在电子设备架上的插头发现插头内导线的对应插钉存在锈蚀现象，先需要更换插钉；现需查询以下信息： 插头件号：_____ 导线件号：_____ 导线连接插钉的位置：_____ 插钉更换的章节号：_____ 退钉工具件号：_____ 夹接工具件号：_____ 松钉工具件号：_____ 导线捆扎程序的章节号：_____		*
从插座上用插头钳将插头取下（如果适用）。		
检查插头状态，检查损伤的插钉和破损的导线标识套管。		
拆除导线束上的线束绳节。		
用退钉工具将损坏的插钉从插头里退出。		
将损坏的插钉从导线上剪除。		
将破损导线标识套管从导线上取下。		
检查插头：_____ 检查插钉：_____ 检查标识：_____		
将新的标识套管套在导线上。检查标识管安装状态。		
按照手册要求剥除导线绝缘层。		
用夹接工具将新的插钉夹接在导线上（图 4-40）。		
用送钉工具将插钉送入到指定位置。		
用检测工具测试插钉是否安装到位。		
按照高振动区要求捆扎导线。		
安装插头（如果适用）/检查插头安装状态。		

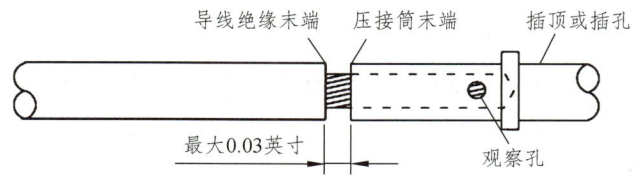

图 4-40　电线在接线器中的位置检查

6. 完工状态。

工作结束后的检查和场地恢复	工作签署	检查签署
（1）检查各个指定位置保险装置安装的状态，避免出现错装、漏装的现象		
（2）清点、检查工具的状态和数量，并将工具归还至指定位置		
（3）清点、检查剩余的耗材，并将其归还至指定位置		
（4）检查、清理工作场地，确保工作场地中没有遗留任何多余物		
（5）获得指导教师完工签署		※

工作任务 17 标准线路施工（接线片修理）

工作编号：	工作名称：标准线路施工（接线片修理）	
实训课时：	工作日期：	工作地点：

1. 系统了解

标准施工在 ATA100 体系中章节号为_____。

2. 翻译如下标准施工的描述（节选自波音 737-500AMM 手册）。

A. Use these procedures to verify the integrity of the control cable system. The procedures must be performed along the intire cable run in each system. To ensure verification of the portions of the cables that are in contact with pulleys and quadrants, the control cables must be moved by operation of the applicable systems controls, to expose those portions of the cables.

B. The first task is an inspection of the control cable wire rope.

C. The second task is an inspection of the control cable fittings.

D. The third task is an inspection of the pulleys.

E. These three tasks may be performed concurrently at one location of the cable system on the airplane if desired for convenience.

3. AMM 手册中找到关于标准线路施工章节号_____。

在 IPC 手册中找到关于标准线路施工章节号_____。

4. 工作前准备。

准备项目	准备工作	完成签署	检查签署
工具和设备	压接钳、剥线钳、剪钳、量尺（英制）、单面刀片、剪刀、专用连接线、扳手、热风枪、毫欧表、静电护腕		

续表

准备项目	准备工作	完成签署	检查签署
劳保用品	非绝缘接线片、扎绳、热缩管		
注意事项	（1）线路施工注意静电防护； （2）热风枪使用注意防火		
授权	获得指导老师工作授权（必检）		*

5. 操作。

操作流程	工作者签署	检查签署
（1）维修中发现飞机 B737-76J B-6109 的导线 W0521-0240-20 的一端连接的接线片损坏，需要更换，请查询以下内容： 导线类型代码：＿＿＿＿＿＿＿＿ 导线件号：＿＿＿＿＿＿＿＿ 导线绝缘层剥除程序的章节号：＿＿＿＿＿＿＿＿ 导线绝缘层剥除工具件号：＿＿＿＿＿＿＿＿ 接线片的夹接程序章节号：＿＿＿＿＿＿＿＿ 接线片的件号：＿＿＿＿＿＿＿＿ 接线片夹接工具件号：＿＿＿＿＿＿＿＿ 接地柱安装程序的章节号：＿＿＿＿＿＿＿＿ 接线片的安装程序章节号：＿＿＿＿＿＿＿＿ 力矩值：＿＿＿＿＿＿＿＿ 导线束捆扎程序章节号（高振动区）：＿＿＿＿＿＿＿＿ 捆扎线的件号：＿＿＿＿＿＿＿＿ 绳节间距参数：＿＿＿＿＿＿＿＿ 节头长度参数：＿＿＿＿＿＿＿＿		
（2）松开导线束支撑，松开指定区域的导线束；检查并剪去坏的接线片。		
（3）修理接线片（指定的导线），套上热缩管。 热缩管长度要求为 1±1/16 英寸；安装地线热缩管套。		
（4）夹接接线片，安装接地桩（35～40 lb·in）；测量接地电阻。		
（5）在接地桩上安装接地线，按要求拧紧的力矩范围是 28～35 lb·in。		
（6）测量接线片与接地桩电阻满足小于 0.001 Ω。 电阻：＿＿＿＿＿＿＿＿		
（7）按要求捆扎导线束（使用防滑直角结或防滑平结）。		

6. 完工状态。

工作结束后的检查和场地恢复	工作签署	检查签署
（1）检查各个指定位置保险装置安装的状态，避免出现错装、漏装的现象		
（2）清点、检查工具的状态和数量，并将工具归还至指定位置		
（3）清点、检查剩余的耗材，并将其归还至指定位置		
（4）检查、清理工作场地，确保工作场地中没有遗留任何多余物		
（5）获得指导教师完工签署		*

图片参考工作任务 14。

工作任务 18　标准线路施工（导线更换）

工作编号：	工作名称：标准线路施工（导线更换）	
实训课时：120 分钟	工作日期：	工作地点：

1. 系统了解。

标准施工在 ATA100 体系中章节号为_____。

2. 翻译如下标准施工的描述（节选自波音 737-500AMM 手册）。

F. Double-twist safety wire method is required for all safety wiring except as follows:

(1) Single wire method is specified.

(2) Single wire may be used for small screws in a closely spaced, closed pattern, such as a square or triangle.

(3) Single wire may be used for parts in electrical systems where accessibility or frequent removal make the double-twist method impractical.

G. Install and twist the safety wire so the loop around the head stays down. (If the loop tended to come up over the bolt head there would be a slack loop.)

H. For multiple fasteners spaced less than four inches apart, the maximum number which can be safety wired together shall be the number than can be wired with a 24-inch length of wire.

I. For fasteners four to six inches apart, wire together in series no more than three fasteners.

3. AMM 手册中找到关于标准线路施工章节号_____。

在 IPC 手册中找到关于标准线路施工章节号_____。

4. 工作前准备。

准备项目	准备工作	完成签署	检查签署
工具和设备	夹钉/孔工具、定位器、进/退钉/孔工具、剥线钳、插头钳（按需）、螺丝刀、剪钳、万用表、量尺（英制）、保持力测试工具、专用连接线、单面刀片、热风枪、油性笔、开口隔热套管、反射罩		
劳保用品	插孔、扎绳、胶带、热缩管		
注意事项	（1）线路施工注意静电防护； （2）热风枪使用注意防火		
授权	获得指导老师工作授权（必检）		*

5. 操作。

操作流程	工作者签署	检查签署
（1）维修中发现飞机 B737-76J B-6109 的导线 W0121-0012-24 已经多处出现损伤，无法进行修理，需要更换导线。查找下面相关的信息（左侧插头）： 该导线的导线类型代码：＿＿＿＿　　导线的件号：＿＿＿＿ 导线的长度：＿＿＿＿ 插头的设备号：＿＿＿＿　　插头的件号：＿＿＿＿ 插头的插入构型：＿＿＿＿ 插钉的退钉程序章节号：＿＿＿＿　　退钉工具：＿＿＿＿ 插钉的件号：＿＿＿＿　　绝缘层的剥除长度：＿＿＿＿ 剥线施工程序的章节号：＿＿＿＿ 剥线工具件号：＿＿＿＿ 夹接插钉工具的件号：＿＿＿＿　　设置位置：＿＿＿＿ 其定位器的件号：＿＿＿＿　　压接孔的位置颜色：＿＿＿＿ 送钉程序的章节号：＿＿＿＿　　送钉工具件号：＿＿＿＿		
（2）取下插头/插座，脱开插头 A 的尾夹。		
（3）松开导线束支撑，去除线束的扎绳。		
（4）退出导线两端插钉；取下导线。 剥除导线绝缘层（0.19 英寸）。		
（5）压接插钉，安装导线标记；安装插钉。		
（6）检查插钉安装到位。 检查导线通路。导通性：＿＿＿＿		
（7）安装插头；安装插头尾夹。 捆扎导线束（使用防滑直角结或防滑平结）。 恢复线束支撑：＿＿＿＿		

6. 完工状态。

工作结束后的检查和场地恢复	工作签署	检查签署
（1）检查各个指定位置保险装置安装的状态，避免出现错装、漏装的现象		
（2）清点、检查工具的状态和数量，并将工具归还至指定位置		
（3）清点、检查剩余的耗材，并将其归还至指定位置		
（4）检查、清理工作场地，确保工作场地中没有遗留任何多余物		
（5）获得指导教师完工签署		*

工作任务 19 标准线路施工（插钉的更换）

工作编号：	工作名称：标准线路施工（插钉的更换）	
实训课时：120 分钟	工作日期：	工作地点：

1. 系统了解。

标准施工在 ATA100 体系中章节号为_____。

2. 翻译如下标准施工的描述（节选自波音 737-500AMM 手册）。

A. This procedure contains one task. The task is the replacement of lockwires.

B. If this procedure does not agree with specified maintenance procedures, use the specified maintenance procedure.

C. Do not use the lockwire more than once.

D. Install the lockwire to put it in tension when the parts become loose.

E. Make three to six twists at the end of the wire. Bend the twists back or under the wire, or things can get caught on the end.

3. AMM 手册中找到关于标准线路施工章节号_____。

在 IPC 手册中找到关于标准线路施工章节号_____。

4. 工作前准备。

准备项目	准备工作	完成签署	检查签署
工具和设备	夹钉/孔工具、定位器、进/退钉/孔工具、剥线钳、插头钳（按需）、螺丝刀、剪钳、万用表、量尺（英制）、保持力测试工具、专用连接线、单面刀片		
劳保用品	插孔、扎绳、胶带		
注意事项	（1）线路施工注意静电防护； （2）热风枪使用注意防火		
授权	获得指导老师工作授权（必检）		*

5. 操作。

操作流程	工作者签署	检查签署
（1）维修中发现飞机 B737-76J B-6109 的导线 W0121-0012-24 连接在电子设备架上的插头内插钉损坏，请更换插钉。查询以下内容： 查找下面相关的信息：_____ 插头的设备号：_____　　插头的件号：_____ 插头的插入构型：_____ 插钉的退钉程序章节号：_____　　退钉工具：_____ 插钉的件号：_____　　绝缘层的剥除长度：_____ 夹接插钉工具的件号：_____　　设置位置：_____ 其定位器的件号：_____　　压接孔的位置颜色：_____ 送钉程序的章节号：_____　　送钉工具件号：_____ 塑料扎带捆扎导线施工的章节号：_____ 扎带件号：_____　　扎带工具件号：_____		
（2）松开导线束支撑，去除线束的扎绳。 取下插头/插座，脱开插头 A 的尾夹。		
（3）退出插钉-检查并剪去坏的插钉。		
（4）剥除导线绝缘层（0.19 in）。		
（5）压接插钉。 安装插钉。 检查插钉安装到位。 检查导线通路。　导通性：_____		
（6）安装插头。 安装插头尾夹。		
（7）捆扎导线束（用扎带捆扎导线）。 恢复线束支撑：_____		

6. 完工状态。

工作结束后的检查和场地恢复	工作签署	检查签署
（1）检查各个指定位置保险装置安装的状态，避免出现错装、漏装的现象		
（2）清点、检查工具的状态和数量，并将工具归还至指定位置		
（3）清点、检查剩余的耗材，并将其归还至指定位置		
（4）检查、清理工作场地，确保工作场地中没有遗留任何多余物		
（5）获得指导教师完工签署		*

工作任务 20　自动关闭电路的制作

工作编号：	工作名称：自动关闭电路的制作	
实训课时：100 分钟	工作日期：	工作地点：

1. 工作说明。

简单电子线路制作是飞机维修的基本技能，通过学习巩固常用电子元器件的识别与检测方法，掌握焊接方法，会检查焊锡点，能够根据电路原理图进行线路板的制作。

2. 工作前准备。

准备项目	准备工作	完成签署	检查签署
工具和设备	准备好相关设备、工具。 按电路图选择好相关元器件		
劳保用品	手套、润滑脂（AeroShell Grease 22）、保险丝、开口销、毛巾		
注意事项	（1）防止损坏设备； （2）注意静电防护		
授权	获得指导老师工作授权（必检）		*

3. 操作。

操作流程	工作者签署	检查签署
（1）使用 LRC 测量给定电容器电容值和接触器的电感值。		
（2）按原理图对各种元件进行测试，鉴别极性和目视鉴别。		
（3）按给定的布置图（图 4-41）组装、焊接各元件（图 4-42、图 4-43）。		
（4）检查组装后的各元件连接和极性是否准确（图 4-44）。		
（5）测量输入端和输出端是否有短路现象。		
（6）接通电源检测 R_2 端电压。　　　　U_1=		
（7）按下 K_1，测量电容 C 端电压和输出端电压。 U_2=　　　　　　　　U_3=		
（8）使用示波器观察输入端直流电压的幅度和输出端的直流幅度（图 4-45）。		
（9）对给定交流信号电源。		
① 使用示波器观察其波形。		
② 使用示波器测量峰值电压。		
③ 使用示波器计算交流信号的频率。		
④ 使用频率计测量交流信号电源的频率。		
（10）测量按下 K_2 之后的输出端电压。　　U_3=_____		

模块 4　飞机标准线路施工

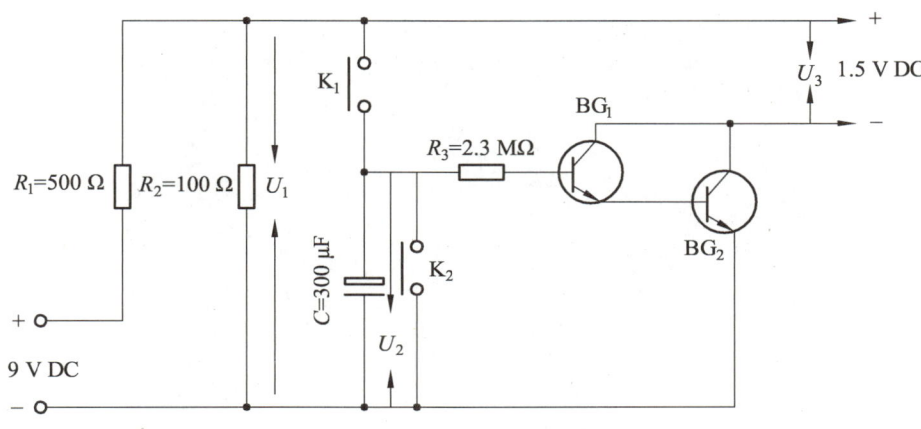

E:1.5V；BG$_1$：3DG6；BG$_2$：3DK4

图 4-41　电路图

图 4-42　完成原件图

图 4-43　完成布线图

图 4-44　检查电阻

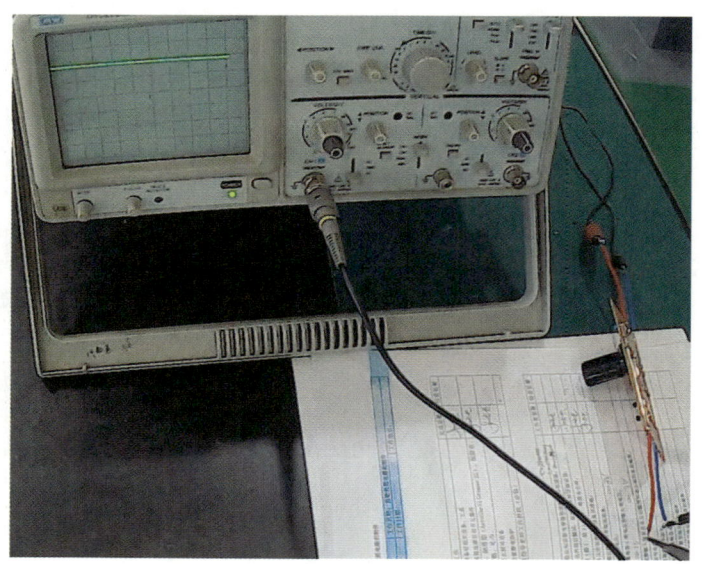

图 4-45　使用示波器

4. 完工状态。

工作结束后的检查和场地恢复	工作签署	检查签署
（1）检查各个指定位置保险装置安装的状态，避免出现错装、漏装的现象		
（2）清点、检查工具的状态和数量，并将工具归还至指定位置		
（3）清点、检查剩余的耗材，并将其归还至指定位置		
（4）检查、清理工作场地，确保工作场地中没有遗留任何多余物		
（5）获得指导教师完工签署		＊

工作任务 21 蜂鸣器电路制作

工作编号：	工作名称：蜂鸣器电路制作	
实训课时：80 分钟	工作日期：	工作地点：

1. 工作说明。

简单电子线路制作是飞机维修的基本技能，通过学习巩固常用电子元器件的识别与检测方法，掌握焊接方法，会检查焊锡点，能够根据电路原理图进行线路板的制作。

2. 工作前准备。

准备项目	准备工作	完成签署	检查签署
工具和设备	数字万用表或指针三用表、电烙铁、烙铁架、吸锡器、电路板夹工具、斜口钳、平口尖嘴钳、平口剪钳、剥线钳、镊子、剪刀、解刀、直流稳压电源、防静电腕带、腕带测试仪（按需要）		
劳保用品	电路板、电子电路套件、焊锡丝、松香、标签胶纸		
注意事项	（1）确保所有起落架都安装了安全销。没有安全销，起落架收回会导致人员受伤，设备损坏。 （2）如果不安装拆下的机轮组件，则需放气轮胎，以防止运输过程中充气轮胎爆炸。 （3）如果机轮组件没有损坏，可以接受放气时在轮胎中留下大约 50 psi（345 kPa）或 25%的余压。在轮胎中留下大约 50 psi（345 kPa）或 25%的余压可以防止机轮组件运输时对轮胎的损坏。 正确使用千斤顶和机轮、刹车拆装专用工具，防止压伤人或设备		
授权	获得指导老师工作授权（必检）		*

3. 操作。

操作流程	工作者签署	检查签署
（1）腕带测量： 阻值：_____。允许范围_____ ~ _____。		
（2）元件检查测量。		
① 色环法判断电阻 R_1、R_2 的阻值（包括误差值）并记录。		

续表

操作流程	工作者签署	检查签署
② 测量各电阻元件的电阻值并记录（单位：kΩ）。		
③ 测量各电容元件的电容值并记录。		
④ 确定各管的管脚特性并做标记。		
（3）电路制作。		
按图纸和工艺要求，焊接电路（图4-46）。		
（4）检测。		
① 打开可调电源并调节电压至 12 V，使用万用表测试确认（图4-47）。		
② 给电路板输入 12 V 直流电源。		
③ 按下 S_1 开关，观察发光二极管亮起并发出蜂鸣声，关闭 S_1 停止（图4-48）。		
④ 关闭设备及电源，拆除线路连接。		
完成工作后，将各个工作区恢复到正常状态。		
（5）使用示波器测试给定的交流电源信号： ① 信号波形为＿＿＿＿＿＿＿＿＿＿＿＿＿＿＿＿； ② 计算峰值电压＿＿＿＿＿＿＿＿＿＿＿＿＿＿； ③ 计算交流信号的频率＿＿＿＿＿＿＿＿＿。		

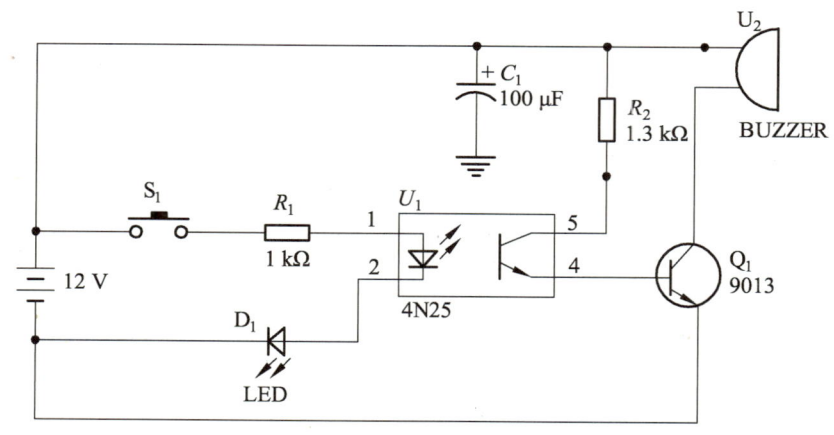

（a）电路图

模块 4　飞机标准线路施工

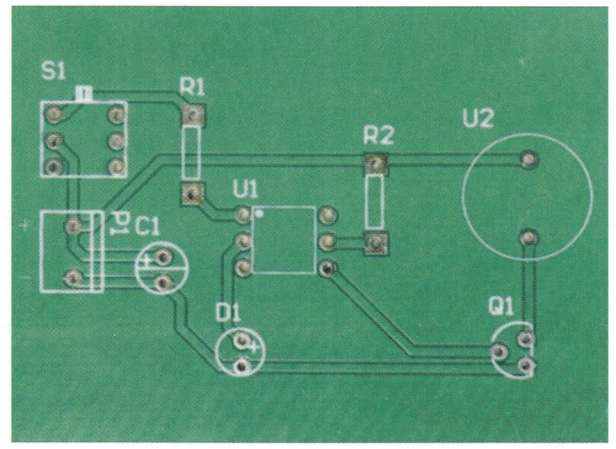

（b）电路板

图 4-46　电路图和电路板

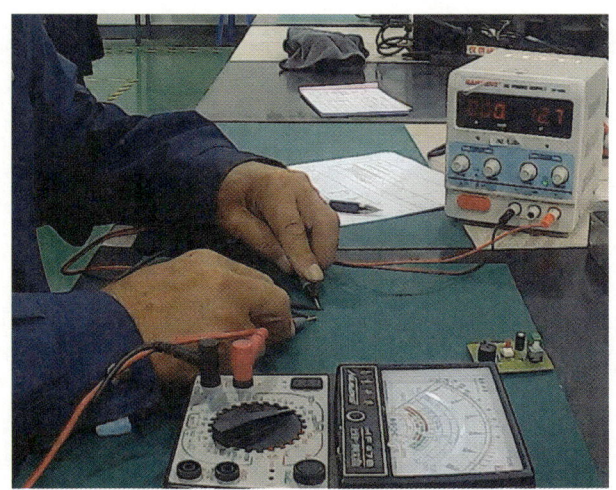

图 4-47　检查电压 12 V

图 4-48　测试通过

4. 完工状态。

工作结束后的检查和场地恢复	工作签署	检查签署
(1)检查各个指定位置保险装置安装的状态,避免出现错装、漏装的现象		
(2)清点、检查工具的状态和数量,并将工具归还至指定位置		
(3)清点、检查剩余的耗材,并将其归还至指定位置		
(4)检查、清理工作场地,确保工作场地中没有遗留任何多余物		
(5)获得指导教师完工签署		*

课后提升

飞机标准线路施工课程目标和课程内容是建立在行业标准基础上的，在学习过程中，故障的检查、维修方案的确定、工卡的编制、专用器材与专用工具的选择与使用、施工程序与施工操作的执行以及检测验收等均依据波音公司维修手册中的规范标准实施，每步操作标准化、规范化，每个阶段目标成果显性化、具体化，从而使每个环节的施工有章可循、有据可依。

课后任务：

学习配套线上课程第四章，完成章节测试。学习网址：https://www.xueyinonline.com/detail/232604880。

模块 5　静电敏感元件的防护

扫码观看视频

模块 5　静电敏感元件的防护

教学目标

【知识目标】

1. 理解静电的产生原理；
2. 了解静电的产生方式和影响因素；
3. 熟练掌握静电防护知识。

【能力目标】

1. 能够熟练使用静电防护材料；
2. 能够对静电敏感元件进行防护；
3. 正确使用防静电腕带。

【素质目标】

1. 具备爱护工具和设备并规范使用的好习惯；
2. 严格遵守工作流程和操作规程；
3. 树立一丝不苟的工作态度；
4. 培养"三个敬畏"的意识。

任务导入

据马来西亚《星洲日报》2014 年 3 月 9 日报道，在马航 MH 370 客机失联之前，另一架波音 777 客机的机师在越南空中交通控制中心的要求下，曾与马航 MH 370 客机取得联系。这名机师表示，在当地时间 8 日凌晨 1 点 30 分以后，他们成功跟 MH370 取得联系，并询问对方是否已经进入越南领空。"有很多干扰……静电干扰……但我听到从另一端传来喃喃自语的声音，这是我们最后一次与他们取得联系，之后就无法连系上对方。"

飞机上使用许多集成电路，其中的微型芯片只能承受毫安级电流和毫伏级电压，操作不规范就会被静电损坏；对油箱的维护过程中，如果不注意静电的防护，则会造成爆炸的严重事故。

知识准备

随着先进的电子技术在航空器上大规模地应用，飞机上使用的微机和其他电子设备中有许多集成电路，其中的微型芯片只能承受毫安级电流和毫伏级电压。人体由于衣着摩擦、走动摩擦等原因可以带成千上万伏特的高压静电。有些电路如 CMOS，是由超薄的互补金属氧化物半导体覆盖在硅芯片上制成的，只能承受几个毫安的电流。如果施加一个 500 V 的电压，就可能有百倍于设计极限那样强的电流开始流动。这样瞬间的大电流能够烧穿氧化膜，在显微镜下观察，形状类似一个个的弹坑。可见，实际上只要 100 V 甚至更低的电压都能够对静电敏感元件造成损伤。

一、静电的危害

集成电路元器件的诞生导致电气线路缩小，耐压降级，线路面积减少，使得器件耐静电冲击能力减弱，静电电场和静电电流成为这些高密度元器件的致命杀手。同时大量的塑料制品等高绝缘材料的普遍应用，导致产生静电的机会大增。

（一）静电对静电敏感元器件的影响

静电的基本物理特性为：吸引或排斥，与大地有电位差，会产生放电电流。在电子工业过程中从元器件的生产到使用的整个过程都会产生静电。静电产生后会在其周围形成静电场产生力学效应、放电效应及静电感应效应等。在上述几点效应中，放电效应造成的危害最为严重。静电放电产生的电压可能高达数千伏，甚至数万伏，对静电敏感元器件来说，可能几十伏的电压就可以将它击穿。

现代飞机上的电子设备应用了大量集成电路，如各种计算机的运算电路、数据处理电路和储存电路，接收机中的放大电路、信号处理电路和各种控制电路等。这些电路大多是由半导体器件构成，半导体器件有很多优点，但也很脆弱，稍有不慎有可能遭到静电效应而使机件或设备受到破坏。许多电子航线可更换（LRU）内包括有各种各样的微电路板和其他敏感装置，也属于飞机的静电敏感元件（ESDS）。静电放电对飞机维护操作的影响主要表现在：静电放电损害能导致需要准备额外的备用件和产生备用组件短缺的结果；许多易受静电放电损害的组件和电子电路在遭受损害后，除了会出现容易监测到的硬件故障，还会出现隐藏的或是延时的其他故障；性能退化是静电放电损害对电路产生的最常见的影响，组件继续运行，但伴随着性能的退化或改变。包含着这些元件的单元或许通过了正常的完全装配测试，但是在实际的应用中却不能正确地运行。

（二）静电损害的特点

静电放电对机载计算机造成的损伤有硬故障和软故障两种类型，硬故障又称为永久损坏故障，软故障包括暂时性失效故障或潜伏性损坏故障。根据静电放电对元器件的损害后果不同可将静电危害的特点归纳如下：

（1）暂时性失效。

暂时性失效可能发生于某类元件上的记忆体和晶片上，典型的征兆是失去资料或功能暂变；而硬件方面却没有明显的损伤。

（2）潜伏性损坏。

潜伏性损坏也称为软击穿，可造成元器件性能劣化或参数指标下降，但还没有完全损坏，从而形成隐患，在最后质量检测中很难被发现，在使用时静电造成的电路潜在损伤会使其参数变化、品质劣化、寿命降低，使设备运行一段时间后随温度、时间、电压的变化出现各种故障从而不能工作。

（3）永久性损坏。

永久性损坏也称为硬击穿，是一次性造成芯片内热，二次击穿金属喷溅、熔融介质、击穿表面等，最终使集成电路彻底损坏，永久失效；永久性损坏发生时，设备就不能通过测试。

二、静电防护的原则与方式

（一）静电防护的基本原则

自然界的所有物质都是由原子组合而成，原子中的质子（正电荷）与电子（负电荷）存在于我们生活中每个角落，可以这样说：静电在我们生活中周围时时刻刻存在。在静电防护过程中打算将静电完全消除是非常困难的，但是我们可以采取防护措施，将静电的产生与积聚控制在最小的限度之内，经过科学家和工程技术人员多年的研究和实践，结果表明得出两个防护静电危害的基本原则：在静电安全区域内使用或安装静电敏感元件；用静电屏蔽容器运送静电敏感元件。

（二）静电防护的方式

静电防护应从控制静电的产生和控制静电的消散两方面进行，控制静电产生主要是控制工艺过程和工艺过程中材料的选择；控制静电的消散则主要是快速而安全地将静电泄放和中和；两者共同作用的结果就有可能使静电电平不超过安全限度，达到静电防护的目的。

1. 接　地

接地就是直接将静电通过一条线的连接泄放到大地，这是防静电措施中最直接最有效的，对于导体通常用接地的方法，如人工戴防静电手腕带及工作台面接地等。

接地通过以下方法实施：

① 人体通过手腕带接地；
② 人体通过防静电鞋（鞋带）和防静电地板接地；
③ 工作台面接地；
④ 测试仪器，工具夹，烙铁接地；
⑤ 防静电地板，地板接地；
⑥ 防静电周转车，箱，架尽可能接地；
⑦ 防静电椅接地。

2. 静电屏蔽

静电敏感元件在储存或运输过程中会暴露于有静电的区域中，用静电屏蔽的方法可削弱外界静电对电子元件的影响，最通常的方法是用静电屏蔽袋和防静电周转箱作为保护。另外防静电衣对人体的衣服具有一定的屏蔽作用。

3. 离子中和

绝缘体往往是易产生静电，对绝缘体静电的消除，用接地方法是无效的，通常采用的方法是离子中和（部分采用屏蔽），即在工作环境中用离子风机，提供一等电位的工作区域。

(1)防静电仪表设备。

手腕带/脚带/防静电鞋综合检测仪,用于检测手腕带、脚带、防静电鞋是否符合要求。

测试脚带及防静电鞋时,需增加一块金属板及仪表连接的导线。

除静电离子风机检测仪,定期对离子风机平衡度和衰减时间进行检测及校验以确保离子风机工作在安全的指标范围。

静电场探测仪,测量静电场以反映静电的存在,以电压形式读数,用来测试环境的静电强度。一般受环境影响和静电瞬间特性,很难真实反映实际情况。

静电屏蔽袋测试仪,用于检测静电屏蔽袋的屏蔽效果。

表面电阻测量仪,用于测量材料表面电阻,体积电阻。

(2)接地类防静电产品

防静电手腕带,广泛用于各种操作工位,手腕带种类很多,腕带线是康铜丝制成,腕带线两端的电阻是 1 MΩ,线长应留有一定余量。

防静电手表,需要其他防静电措施的补救(如:增设离子风机,佩戴防静电脚跟带等)才能取得较好的防静电效果;建议不要大量采用佩戴防静电手表的方式。

防静电脚带/防静电鞋,厂房使用防静电地面后,应佩戴防静电鞋带或穿防静电鞋,建议车间以穿防静电鞋为主,可降低灰尘的引入。操作人员工再结合佩戴防静电手腕带效果将会更佳。

防静电台垫,用于各工作台表面的铺设,各台垫连接 1 个康铜丝制成电阻是 1 MΩ 的。

腕带线与防静电的可靠连接。

防静电地板,防静电地板分为 PVC 地板、聚氨酯地板、活动地板。

防静电蜡和防静电油漆,防静电蜡可用于各种地板表面增加防静电功能及使地板更加明亮干净,防静电油漆可用于各种地板表面,也可涂于各种货架,周转箱等容器上。

(三)静电防护在航空维修中的应用

电子系统的维护过程中,会经常遇到电子仪表或电子设备损坏而需要进行更换的情况,如果静电防护措施不当,则会使新装的仪表或设备被静电损坏;油箱的维护过程中,会经常遇到机务人员进入油箱进行检查或维修的情况,如果不注意静电的防护,则会造成爆炸的严重事故。

ESDS 防护措施主要有以下 4 种:

- ESDS 警告标签;
- 防静电腕带;
- 使用 ESDS 包装袋;
- ESDS 防尘盖或堵盖。

安全管理

1. 静电敏感元器件防护系统的泄漏电流不允许超过 5 mA。
2. 在进行防静电工作时,静电放电操作者与大地之间的电阻在 $10^6 \sim 10^9 \Omega$ 才能使用防静电操作系统。

3. 不允许在静电敏感元器件通电的情况下进行焊接和拆装。

4. 静电防护区应远离大功率源辐射磁场，工作区的门口应设地线母线柱。静电防护区内禁止放置非生产物，避免产生瞬间高压电源。

5. 静电防护区应配备离子发生器，以净化环境减少静电荷积累。静电防护区的固定设备应良好接地；工作区域应铺设防静电地垫；人体、桌面应安全接地。

6. 静电防护区内使用的包装材料应选用导电塑料薄膜或抗静电聚酯泡沫塑料，在操作过程中材料不应产生静电荷。

7. 防静电工作区内应尽量避免人员走动和移动工件、设备，以减少摩擦起电。

8. 进入防静电工作区的人员应习惯地与地线柱碰触，以便先使人体静电释放。操作者应穿防静电工作服、鞋，戴防静电手套、工作帽，座椅应配有防静电靠背和坐垫。

9. 全部装配操作过程一般应在静电防护区和防静电工作台上进行。工序间周转时，敏感器件应封闭在防静电的保护罩、袋或盒内，并不得掉落。

10. 非生产人员进入静电防护区时，先进行人体静电释放，并穿好防静电工作服、鞋，并在工作区内不允许随便触摸敏感器件或靠近正在操作的人员。

任务实施

实施说明：围绕飞机静电敏感元件防护共有三个任务，分别是整理电路的制作，电门灯组件和指示灯组件拆装更换，静电敏感设备拆装与防护——M9 交通管制应答机组件拆装、静电敏感设备拆装与防护——SMC NO_2 计算机拆装杆校装。

请同学们按照任务工卡完成任务。

工作任务 22　整流电路的制作

工作编号：	工作名称：整流电路的制作	
实训课时：120 分钟	工作日期：	工作地点：

1. 工作说明。

简单电子线路制作是飞机维修的基本技能，通过学习巩固常用电子元器件的识别与检测方法，掌握焊接方法，会检查焊锡点，能够根据电路原理图进行线路板的制作。

2. 工作前准备。

准备项目	准备工作	完成签署	检查签署
工具和设备	剪刀、焊台、焊笔、电压表、电流表、螺丝刀		
劳保用品	手套、绝缘鞋、防静电手腕		
注意事项	（1）防止损坏设备； （2）注意静电防护		
授权	获得指导老师工作授权（必检）		*

3. 操作。

操作流程	工作者签署	检查签署
（1）使用 LRC 表测量给定电容器的电容值和接触器的电感值。		
（2）按原理图（图 5-1）对各种元件进行测试，鉴别极性和目视鉴别。		
（3）按给定的布置图（图 5-2、图 5-3）组装、焊接各元件。		
（4）检查组装后的各元件连接和极性是否准确。		
（5）测量输入端和输出端是否有短路现象。		
（6）使用给定的 6 V AC 电源。		
（7）对给定交流信号电源。 ① 使用示波器观察其波形 。 ② 测量峰值电压。　　　$U_1=$_____ ③ 计算交流信号的频率。		
（8）分别用万用表和示波器测量整流电路输出端电压： $U_2=$_____		

模块 5 静电敏感元件的防护

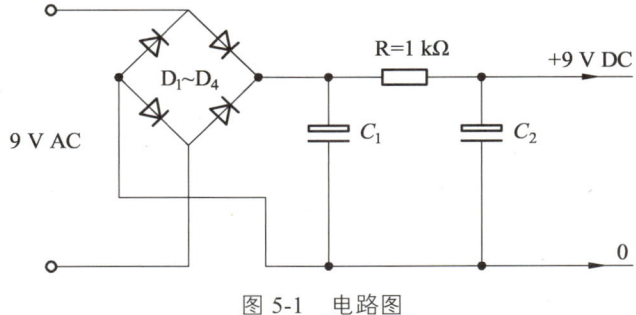

图 5-1 电路图

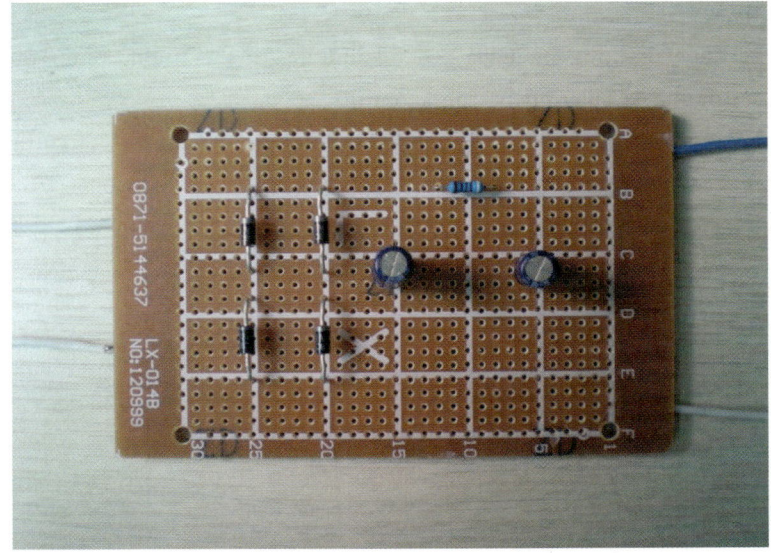

图 5-2 元器件位置

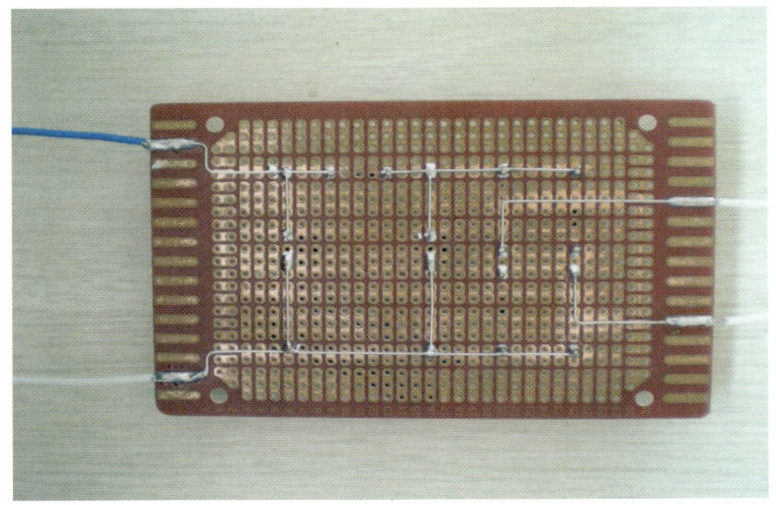

图 5-3 布线示意

工作任务 23　电门灯组件和指示灯组件拆装更换

工作编号：	工作名称：电门灯组件和指示灯组件拆装更换	
实训课时：90 分钟	工作日期：	工作地点：

1. 系统了解。

灯光在 TAT100 体系中章节号为_____。

2. 翻译如下灯光的描述（节选自波音 737-500AMM 手册）。

Flight compartment lighting includes general lighting of the flight compartment and special lighting of the control panels, instruments, and controls.

(1) Electrical power for the lighting is supplied through the P6 and P18 circuit breaker panels.

(2) Most of the flight compartment lights use 28 volts ac.

(3) The fluorescent background lights use 115 volts ac.

3. 工作前准备。

准备项目	准备工作	完成签署	检查签署
工具和设备	常用公制工具箱、仪表螺丝刀套件、运-7 飞机指示灯拆装套筒、棘轮扳手、电烙铁、接线板		
劳保用品	焊锡丝、焊锡膏、警告牌、跳开关夹		
注意事项	（1）灯泡属于易碎原件，施工过程中注意保护；（2）电烙铁使用中，注意防火		
授权	获得指导老师工作授权（必检）		*

4. 操作。

操作流程	工作者签署	检查签署
（1）运-7 飞机驾驶舱航向下滑道电门灯组件拆装更换。		
拆下下滑道电门灯组件。		
松开舵面锁。		

续表

操作流程	工作者签署	检查签署
整机断电,挂警告牌。		
打开主驾驶仪表板。		
用电烙铁脱焊电门尾部的五根导线,并做好标记。		
拆下灯罩。		
拆下电门灯固定螺帽。		
取下弹簧垫片。		
取下灯底座。		
检查灯组件的状态,并记录。 状态:_____		
(2)安装下滑道电门灯组件。		
安装灯组件底座。		
安装弹簧垫片。		
拧紧电门灯固定螺帽。		
安装灯罩。		
将尾部三组导线焊接至灯组件上。		
关闭主驾驶仪表板。		
取下警告牌。		
(3)运-7飞机典型配电板指示灯组件拆装更换-备用SBL-1000接通指示灯拆装更换。		
拆下备用SBL-1000接通指示灯组件整机断电挂警告牌。		
打开驾驶舱顶配电板。		
脱焊指示灯尾部导线,并做标记。		
拆下灯罩。		
拆下固定螺帽。		
取下灯座。		
检查灯组件的状态。 状态:_____		
(4)拆下备用SBL-1000接通指示灯组件。		
安装指示灯组件底座。		
安装指示灯固定螺帽。		
安装灯罩。		
将灯组件尾部导线焊接至灯组件上。		
关闭驾驶舱顶配电板。		
取下警告牌。		

5. 完工状态。

工作结束后的检查和场地恢复	工作签署	检查签署
（1）检查各个指定位置保险装置安装的状态，避免出现错装、漏装的现象		
（2）清点、检查工具的状态和数量，并将工具归还至指定位置		
（3）清点、检查剩余的耗材，并将其归还至指定位置		
（4）检查、清理工作场地，确保工作场地中没有遗留任何多余物		
（5）获得指导教师完工签署		*

工作任务 24　静电敏感设备拆装与防护
——M9 交通管制应答机组件拆装

工作编号：	工作名称：静电敏感设备拆装与防护——M9 交通管制应答机组件拆装	
实训课时：90 分钟	工作日期：	工作地点：

1. 系统了解。

TCAS 系统在 TAT100 体系中章节号为_____。

2. 翻译如下燃油控制系统的描述（节选自波音 737-500AMM 手册）。

The basic Traffic Alert and Collision Avoidance System (TCAS) supplies safe separation between your airplane and other airplanes that have ATCRBS or Mode S Transponders.

One TCAS system is installed on the airplane. The TCAS system consists of one TCAS computer, two phased array directional antenna, and a control unit (ATC control panel). TCAS information is shown on the EFIS EHSI and EADI displays.

TCAS interrogates proximate airplanes and receives the altitude, bearing and other data from the intruder airplane via Air Traffic Control (ATC) system. The TCAS computer will analyze the data and determine if the intruder airplane is a threat to your airplane. If there is a potential threat, TCAS will issue resolution advisories which will instruct the pilot to avoid the conflict. If there is no threat TCAS will track the intruder airplane's position.

TCAS operates in two modes: TA ONLY mode which only tracks the proximate airplane traffic and TA/RA mode which tracks intruder airplanes and issues resolution advisories.

3. AMM 手册中找到关于拆装 TCAS 计算机的章节号_____。
在 IPC 手册中找到关于 TCAS 计算机的章节号_____。

4. 工作前准备。

准备项目	准备工作	完成签署	检查签署
工具和设备	静电腕带（件号：BK486）、防静电工作台架、腕带测试仪（件号：BK498）、万用表（可选）、跳开关夹等		
劳保用品	ESDS 警告标识、ESDS 包装袋、ESDS 防尘盖、警告牌、手套		
注意事项	（1）现代飞机上的电子设备应用了大量集成电路，如各种计算机的运算电路、数据处理电路和储存电路，接收机中的放大电路、信号处理电路和各种控制电路等。这些电路大多是由半导体器件构成，半导体器件有很多优点，但也很脆弱，稍有不慎有可能遭到静电效应而使机件或设备受到破坏。 （2）电子系统的维护过程中，会经常遇到电子仪表或电子设备损坏而需要进行更换的情况，如果静电防护措施不当，则会使新装的仪表或设备被静电损坏；油箱的维护过程中，会经常遇到机务人员进入油箱进行检查或维修的情况，如果不注意静电的防护，则会造成爆炸的严重事故		
授权	获得指导老师工作授权（必检）		*

5. 操作。

操作流程	工作者签署	检查签署
（1）测试防静电腕带。		
① 使用腕带测试仪进行测试。		
用腕带测试仪进行测试（见图 5-4），选择一个腕带测试仪，将防静电腕带套上手腕带，打开腕带测试仪电源开关，将防静电腕带终端插头插入测试仪插座，用手按下按压测试金属板，查看设备正面面板指示灯，如果防静电腕带测试通过，"OK" 绿灯点亮；如果防静电腕带测试失败，"NO OK" 红灯点亮，所测试的腕带失效报废。		
② 使用万用表进行测试。		
a. 将万用表调至 Ω 挡位，调整万用表的 Ω 挡位至合适的电阻范围，如果是数字万用表选择自动量程，如果是指针模拟表选择 10 kΩ 单位。		
b. 将防静电手腕带的插头终端与万用表的黑表笔相连，用万用表的红表笔接触手腕带的金属扣一端，测得的电阻范围是 250 kΩ~1.5 MΩ。		

续表

操作流程	工作者签署	检查签署
c. 将金属扣扣在防静电腕带上，套上防静电腕带并用食指和拇指捏住万用表的红表笔，测得的电阻小于 10 MΩ 可以认为防静电腕带合格。		*
（2）拆下 M9 交通管制应答机组件。		
正确佩戴防静电手腕，并连接在机体结构接地点。		
根据图 5-5 不同形式安装锁钩，采取适当的方式脱开锁钩。		
小心的从安装架上取下计算机组件。		
提示：E/E 盒的正面可以从右向左移动（约 1/8 英寸）。这将有助于断开 E/E 盒与电气连接。		
在 M9 交通管制应答机组件电气插头和电子架电气连接器上安装 ESDS 防尘堵盖。		
警告：确保不要接触插头或连接器里的插钉/插孔，静电放电可能导致内部电路板或电子元器件损伤！		
小心地将 M9 交通管制应答机组件放在防静电工作台架上，并挂标签。		
视情使用软毛刷清洁 M9 交通管制应答机组件表面的灰尘等污染物。		
用适当大小的 ESDS 包装袋包装 M9 交通管制应答机组件。		*
在包装袋外表贴 ESDS 警告标识。		
（3）安装 M9 交通管制应答机组件。		
正确佩戴防静电手腕，并连接在机体结构接地点。		
取出 M9 交通管制应答机组件，确保 ESDS 包装袋完好无破损，检查挂签。		
拆除 ESDS 包装袋，取下 ESDS 防尘堵盖，放置指定位置。		
检查 M9 交通管制应答机组件电气插头和安装架电气连接器无损伤、污染、插钉无弯曲断裂。		
警告：确保不要接触插头或连接器里的插钉/插孔，静电放电可能导致内部电路板或电子元器件损伤！		
小心地将 M9 交通管制应答机组件放在安装架上，小心移动安装架中的 E/E 盒，并连接电气插头。		*
提示：E/E 盒的正面可以从右向左移动（约 1/8 英寸），这将有助于断开 E/E 盒与电气连接。		
根据附图采取适当的方式安装锁钩。		

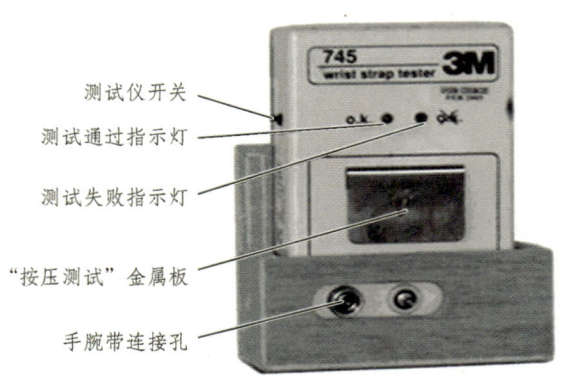

图 5-4　防静电腕带测试仪

图 5-5　交通管制应答机组件

6. 完工状态。

工作结束后的检查和场地恢复	工作签署	检查签署
（1）检查各个指定位置保险装置安装的状态，避免出现错装、漏装的现象		
（2）清点、检查工具的状态和数量，并将工具归还至指定位置		
（3）清点、检查剩余的耗材，并将其归还至指定位置		
（4）检查、清理工作场地，确保工作场地中没有遗留任何多余物		
（5）获得指导教师完工签署		*

工作任务 25　静电敏感设备拆装与防护
—SMC NO$_2$ 计算机拆装杆校装

工作编号：	工作名称：静电敏感设备拆装与防护—SMC NO$_2$ 计算机拆装杆校装	
实训课时：90 分钟	工作日期：	工作地点：

1. 系统了解。
SMC 系统在 TAT100 体系中章节号为_____。
2. 翻译如下燃油控制系统的描述（节选自波音 737-500AMM 手册）。

Two independent stall warning systems alert the pilots of an approaching stall condition. The warning is accomplished by vibrating the pilots' control columns. This warning is also used if airspeed falls too low. Each stall warning system and includes an angle of airflow sensor, a flap position transmitter, a stall management computer, a self-test switch, and a control column shaker.

The angle of airflow sensor senses the airplane angle of attack and the flap position transmitter senses the position of the trailing edge flaps. The stall management computer receives these signals and signals from other flight systems. At predetermined combinations of flap position and airplane angle of attack, the computer outputs a stall warning signal to activate the control column shaker. The point at which the stall warning signal occurs is also influenced by engine speed, airspeed, and flap asymmetry.

The airplane configuration changes the AOA angle at which the stall management system signals a stall condition. The airplane configuration is read by the stall management system from the program data bits which are on the Stall Management Computer. The program input bits can be displayed through the SMC BITE. A comparison of the program data bits takes place every second between SMC's. When the SMC's disagree, a configuration message will appear on either cr both SMC's.

3. AMM 手册中找到关于拆装 SMC 计算机的章节号_____。
在 IPC 手册中找到关于 SMC 计算机的章节号_____。

4. 工作前准备。

准备项目	准备工作	完成签署	检查签署
工具和设备	静电腕带（件号：BK486）、防静电工作台架、腕带测试仪（件号：BK498）、万用表（可选）、跳开关夹		
劳保用品	ESDS 警告标识、ESDS 包装袋、ESDS 防尘盖、警告牌、手套		
注意事项	（1）现代飞机上的电子设备应用了大量集成电路，如各种计算机的运算电路、数据处理电路和储存电路，接收机中的放大电路、信号处理电路和各种控制电路等。这些电路大多是由半导体器件构成，半导体器件有很多优点，但也很脆弱，稍有不慎有可能遭到静电效应而使机件或设备受到破坏。（2）电子系统的维护过程中，会经常遇到电子仪表或电子设备损坏而需要进行更换的情况，如果静电防护措施不当，则会使新装的仪表或设备被静电损坏；油箱的维护过程中，会经常遇到机务人员进入油箱进行检查或维修的情况，如果不注意静电的防护，则会造成爆炸的严重事故		
授权	获得指导老师工作授权（必检）		*

5. 操作。

操作流程	工作者签署	检查签署
（1）测试防静电腕带。		
① 使用腕带测试仪进行测试。 用腕带测试仪进行测试，选择一个腕带测试仪，将防静电腕带套上手腕带，打开腕带测试仪电源开关，将防静电腕带终端插头插入测试仪插座，用手按下按压测试金属板，查看设备正面面板指示灯，如果防静电腕带测试通过，"OK"绿灯点亮；如果防静电腕带测试失败，"NO OK"红灯点亮，所测试的腕带失效报废。		
② 使用万用表进行测试。 a. 将万用表调至 Ω 挡位，调整万用表的 Ω 挡位至合适的电阻范围，如果是数字万用。 表选择自动量程，如果是指针模拟表选择 10 kΩ 挡位		
b. 将防静电手腕带的插头终端与万用表的黑表笔相连，用万用表的红表笔接触手腕带的金属扣一端，测得的电阻范围是 250 kΩ～1.5 MΩ。		
c. 将金属扣扣在防静电腕带上，套上防静电腕带并用食指和拇指捏住万用表的红表笔，测得的电阻小于 10 MΩ 可以认为防静电腕带合格。		

续表

操作流程	工作者签署	检查签署
（2）拆下位于 E2-1 电子架的 SMC NO_2（STALL MANNAGEMENT CMPTR NO_2）计算机组件（图 5-6）。 ① 正确佩戴防静电手腕，并连接在机体结构接地点。 ② 根据不同形式安装锁钩，采取适当的方式脱开锁钩。 ③ 小心地从安装架上取下 SMC NO_2 计算机组件。 提示：E/E 盒的正面可以从右向左移动（约 1/8 英寸）。这将有助于断开 E/E 盒与电气连接。		
（3）在 SMC NO_2 收发机组件电气插头和电子架电气连接器上安装 ESDS 防尘堵盖。 警告：确保不要接触插头或连接器里的插钉/插孔，静电放电可能导致内部电路板或电子元器件损伤！ ① 小心地将 SMC NO_2 组件放在防静电工作台架上，并挂标签。 ② 视情使用软毛刷清洁 SMC NO_2 组件表面的灰尘等污染物。 ③ 用适当大小的 ESDS 包装袋包装 SMC NO_2 组件。 ④ 在包装袋外表贴 ESDS 警告标识。		
（4）安装 SMC NO_2（STALL MANNAGEMENT CMPTR NO_2）计算机组件。 ① 正确佩戴防静电手腕，并连接在机体结构接地点。 ② 取出 SMC NO_2 组件，确保 ESDS 包装袋完好无破损，检查挂签。 ③ 拆除 ESDS 包装袋，取下 ESDS 防尘堵盖，放置指定位置。 ④ 检查 SMC NO_2 组件电气插头和安装架电气连接器无损伤、污染、插钉无弯曲断裂。 警告：确保不要接触插头或连接器里的插钉/插孔，静电放电可能导致内部电路板或电子元器件损伤！ ⑤ 小心地将 SMC NO_2 组件放在安装架上，小心移动安装架中的 E/E 盒，并连接电气插头。 提示：E/E 盒的正面可以从右向左移动（约 1/8 英寸）。这将有助于断开 E/E 盒与电气连接。 ⑥ 根据附图采取适当的方式安装锁钩。		

（a） （b）

图 5-6 计算机组件

6. 完工状态。

工作结束后的检查和场地恢复	工作签署	检查签署
（1）检查各个指定位置保险装置安装的状态，避免出现错装、漏装的现象		
（2）清点、检查工具的状态和数量，并将工具归还至指定位置		
（3）清点、检查剩余的耗材，并将其归还至指定位置		
（4）检查、清理工作场地，确保工作场地中没有遗留任何多余物		
（5）获得指导教师完工签署		*

课后提升

通过本模块的学习我们可以知道，做好静电防护工作是航空电子设备维修的重要事项。在这一过程中，如果静电防护没做好，则肯定会给航空电子设备的运行带来较大的安全隐患。因此，需要建立健全完善的静电防护体系，强化对相关人员的技能及责任培训，对航空设备进行升级及改造，强化对航空电子设备的维护管理，才可以最大程度保障飞行安全，提升稳定性。

课后任务：

学习配套线上课程第五章，完成章节测试。学习网址：https://www.xueyinonline.com/detail/232604880。

模块 6　钣金加工

扫码观看视频

模块 6　钣金加工

教学目标

【知识目标】

1. 知道金属产生塑形变形的基本规律；
2. 熟悉手工收、放边所用工具、量具。

【技能目标】

1. 掌握手工放边、手边的方法；
2. 锻炼资料收集能力、团队合作能力、与人沟通的能力和按工卡要求操作、质量控制意识。

【素养目标】

1. 具有从事民航事业所必要的政治素质；
2. 具有较强的安全意识和质量意识；
3. 具有良好的团队合作和沟通交流能力；
4. 具有制定工作计划的方法能力；
5. 具有解决实际问题的工作能力；
6. 具有较强的创新能力。

任务导入

美国阿罗哈航空公司的广布疲劳损伤事故。1988 年 4 月 28 日，阿罗哈航空公司的一架波音 737-200 在爬升到巡航高度的过程中发生了爆炸性减压破坏。在减压爆破过程中，客舱前门后面的地板和客舱支撑结构上方约 5.5 m 长的客舱蒙皮脱落。

事故调查后确定造成事故的原因包括：机身的冷胶结搭接接头的质量较差，同时在搭接接头的周边存在腐蚀环境，使得整排搭接接头的多个铆钉孔在孔边同时产生了多部位疲劳损伤，如广布疲劳损伤（widespread fatiguedamage，WFD）。这些损伤（裂纹）在飞机服役过程中逐渐相向扩展，最后发生相互融合贯穿，合并形成了大的单一裂纹。这样的裂纹形成过程使得飞机在达到其通过损伤容限分析获得单一裂纹的疲劳裂纹寿命之前就发生了爆裂破坏。

知识准备

航空领域最初使用金属蒙皮时就用实心铆钉连接。直到今天实心铆钉还是最常用的联结铆钉。实心铆钉在铆接时铆杆会变粗并紧贴铆孔。实心铆钉承载剪切力，因此钻孔的质量和配合会直接影响铆钉的质量。铆钉的参数包括头型、材料、尺寸和热处理状态。

一、铆钉类型

实心铆钉通常分为两种标准头型（见图 6-1）：
（1）通用头型（Universal）。代码 470，主要使用的区域是不考虑气流影响的区域。
（2）埋头型（Counter Sunk）。代码 426，主要使用在气动敏感区域，如机翼前缘。

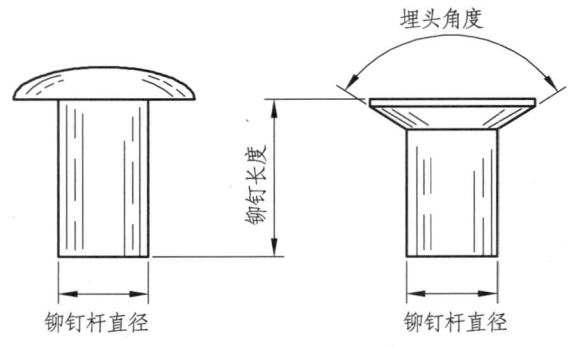

图 6-1 通用头和埋头铆钉的尺寸长度

二、铆钉损伤及检查

1. 铆钉上铆之前

铆钉上铆之前，露出叠加部分的杆长至少为铆钉杆直径的一点五倍。铆接以后，墩头的厚度至少为铆钉杆直径的一半，直径为铆钉杆直径的一点五倍（见图 6-2）。

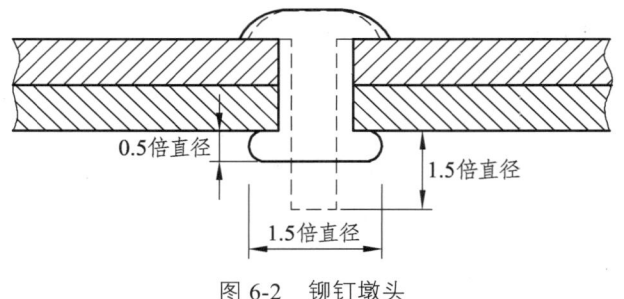

图 6-2 铆钉墩头

2. 铆钉的检查

根据以下特征确认铆钉是否松动：
（1）当压动铆钉头旁边的蒙皮时，蒙皮离开铆钉头并形成肉眼可见的间隙，说明铆钉已经松动。
（2）铆钉松动之后，铆钉头与埋头窝之间将因摩擦而产生金属粉末，这种粉末与污浊物附在铆钉头与钉孔之间的缝隙而呈现黑圈。所以，检查飞机时，如发现铆钉周围有黑圈，说明铆钉已松动。
（3）在机身密封舱部位上的铆钉，如果铆钉头的背向气流的一边形成黑色尾迹，这说明铆钉已松动，同时也表明蒙皮内表面可能产生腐蚀。

（4）铆钉头已经突出构件表面，或者发生卷边翘起现象，则说明铆钉松动已经很严重。

（5）铆钉头周围的油漆层出现碎裂或裂纹，说明铆钉有可能错动或松动。

（6）一般情况下，钉头倾斜或铆钉松动将成群地出现，并且钉头多半向同一方向倾斜。为了防止铆钉松动，在修理中应保证铆接质量合乎要求，在维护中要经常注意检查。对于松动的铆钉，应及时按规格更换，不允许把原铆钉重新打紧。因为对已经产生变形的铆钉进行敲打，不仅难以达到使钉杆良好填充铆钉的目的，而且会加速损坏。

3. 铆接缺陷产生的原因和预防方法

铆接缺陷产生的原因和预防方法如表 6-1 所示。

表 6-1　铆接缺陷产生的原因和预防方法

缺陷名称	简图	产生原因	预防方法
铆钉头扁		铆钉枪和顶铁与面板不垂直	铆接时控制铆钉枪和顶模与面板垂直
铆钉头高度不够		铆钉孔大 铆钉杆余量短	重新验算铆钉孔和铆钉参数
铆钉头高，有帽沿		铆钉杆余量过长 顶模直径小	重新验算，更换顶模
铆杆歪斜		铆孔歪斜	铆前检查钉孔的垂直度，发现歪斜应进行处理
铆钉杆弯		铆钉孔大 铆钉杆细	重新验算孔与铆钉杆参数
未铆平，未压紧		铆接件不平 装配有问题	装配前检查铆接件的平面度
铆钉头碰伤		操作方法不当	严格遵守操作规程
铆钉头有裂纹		铆钉材质有问题 铆钉加温不够	验证铆钉材质，控制铆钉加温温度

三、钣金工艺

钣金工艺就是把板材、型材、管材等毛料，利用材料的塑性，主要用冷压的方法形成各种零件，另外还包括下料和校修。

飞机钣金制造技术是航空航天制造工程的一个重要组成部分，是实现飞机结构特性的重要制造技术之一。现代飞机的壳体主要是钣金铆接结构，统计资料表明，钣金零件约占飞机零件数量的 50%，钣金工艺装备占全机制造工艺装备的 65%，其制造工作量占全机工作量的 20%。鉴于飞机的结构特点和独特的生产方式决定了飞机钣金制造技术不同于一般机械制造技术。

飞机钣金零件分类也就是根据零件的相似性，按照一定的原则对零件进行分类。相似性分为材料相似性，工艺相似性和结构相似性。材料相似性，指材料品种、状态的相似性；工艺相似性，指零件的加工方法、工艺装备和使用设备的相似性；结构相似性，指零件的尺寸、形状、使用部位及零件上所具有的结构要素的相似性。

按飞机钣金零件结构特征分类：飞机钣金零件有蒙皮、隔框、壁板、翼肋、导管等。

安全管理

1. 开始实训之前必须检查气源系统、台式钻床等工具设备的完整性、功能完好性。
2. 进行铆接作业时，应佩戴降噪耳塞保护个人听力。
3. 使用气压铆枪时，铆枪口禁止朝向人。
4. 使用台式钻床钻孔时，必须夹紧工件，佩戴护目镜作业。
5. 剪切保险丝、开口销时，必须佩戴护目镜、手套等防护工具，避免铁丝、铁片飞溅。

任务实施

实施说明：围绕航空紧固件拆装与保险共有三个任务，分别是蒙皮铆补和铆钉拆除，钣金，制作工具盒。请同学们按照任务工卡完成任务。

工作任务 26 蒙皮铆补和铆钉拆除

工作编号：	工作名称：蒙皮铆补和铆钉拆除	
实训课时：120 分钟	工作日期：	工作地点：

1. 工作说明。

蒙皮是包围在机翼骨架外的锥形构件，用黏接剂或铆钉固定在骨架上，形成机翼的气动外形。蒙皮除了形成和维持机翼的气动外形之外，还能够承受局部气动力。早期低速飞机的蒙皮是布质的，如今飞机的蒙皮多是用硬铝板材制成的金属蒙皮。

2. 工作前准备。

准备项目	准备工作	完成签署	检查签署
工具和设备	工作台（配台虎钳）；剪板机；弯板机；气钻；气钻钥匙；铆枪；铆壳（按需）顶铁（按需）；限位划钻；气管；钢板尺；游标卡尺；直角尺；直柄冲头（套）样冲；金属手锤；锉刀（按需）；定位销（按需）；定位销钳；固定夹等		
劳保用品	护目镜；耳罩；麻花钻头（按需）；水笔；胶布；木板、铝合金板、平头、铆钉、圆头铆钉等		
注意事项	（1）确保所有起落架都安装了安全销。没有安全销，起落架收回会导致人员受伤，设备损坏。 （2）如果不安装拆下的机轮组件，则需放气轮胎，以防止运输过程中充气轮胎爆炸。 （3）如果机轮组件没有损坏，可以接受放气时在轮胎中留下大约 50 psi（345 kPa）或 25%的余压。在轮胎中留下大约 50 psi（345 kPa）或 25%的余压可以防止机轮组件运输时对轮胎的损坏。 正确使用千斤顶和机轮、刹车拆装专用工具、防止压伤人或设备		
授权	获得指导老师工作授权（必检）		*

3. 操作。

操作流程	工作者签署	检查签署
（1）根据蒙皮损伤图（图 6-3），确定补片的外形。		
（2）根据受损蒙皮及所确定补片的外形，确定铆钉的规格，数量，及铆钉间距、行距、边距施工，并绘制施工图。		

续表

操作流程	工作者签署	检查签署
（3）正确使用剪板机利用准备好的铝皮按设计的补片的外形尺寸进行剪板操作。		
（4）首先在合适位置用选定规格的钻头钻3~4个孔（间隙0.002~0.004英寸），并用铆钉定位销进行定位。		
（5）钻其余需要钻的铆钉孔。		
（6）清除铆钉孔周围的毛刺。		
（7）剪切铆钉。		
（8）根据铆钉情况选用合适的铆枪冲头。		
（9）选用合适的顶铁。		
（10）用气铆枪或手工铆接；（考试时在指定部位打22个铆钉） 注意：铆钉镦头直径和镦头高度应符合要求。具体操作图如图6-4~图6-5所示。		

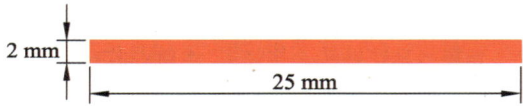

1. 尺寸单位：mm；2. 裂纹宽度：2 mm；3. 需要贴补。

图6-3 蒙皮损伤示意

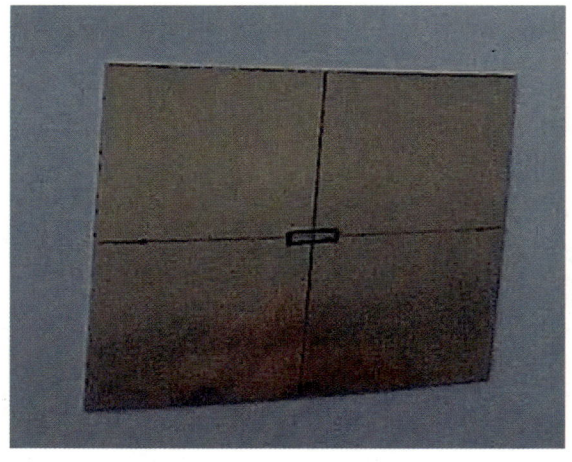

图6-4 补片示意

模块 6　钣金加工

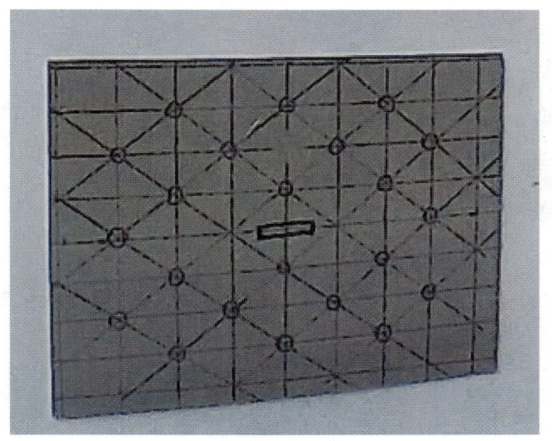

行距 12；孔距 16；边距 10；铆钉数 22；铆钉 $\phi=4$。

图 6-5　施工图示意

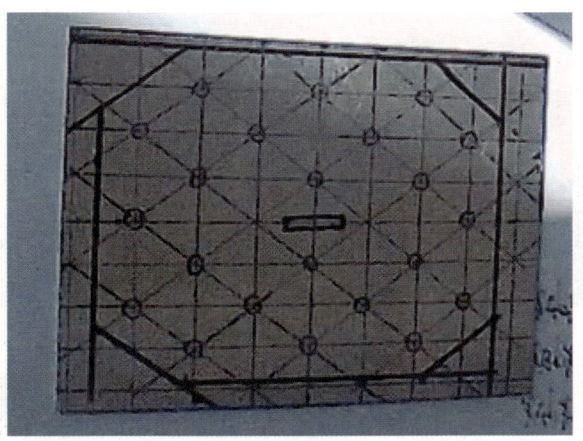

图 6-6　绘制施工图示意

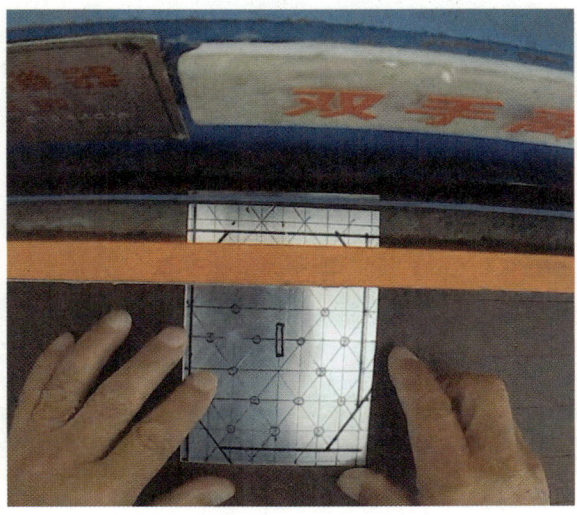

图 6-7　剪板机示意

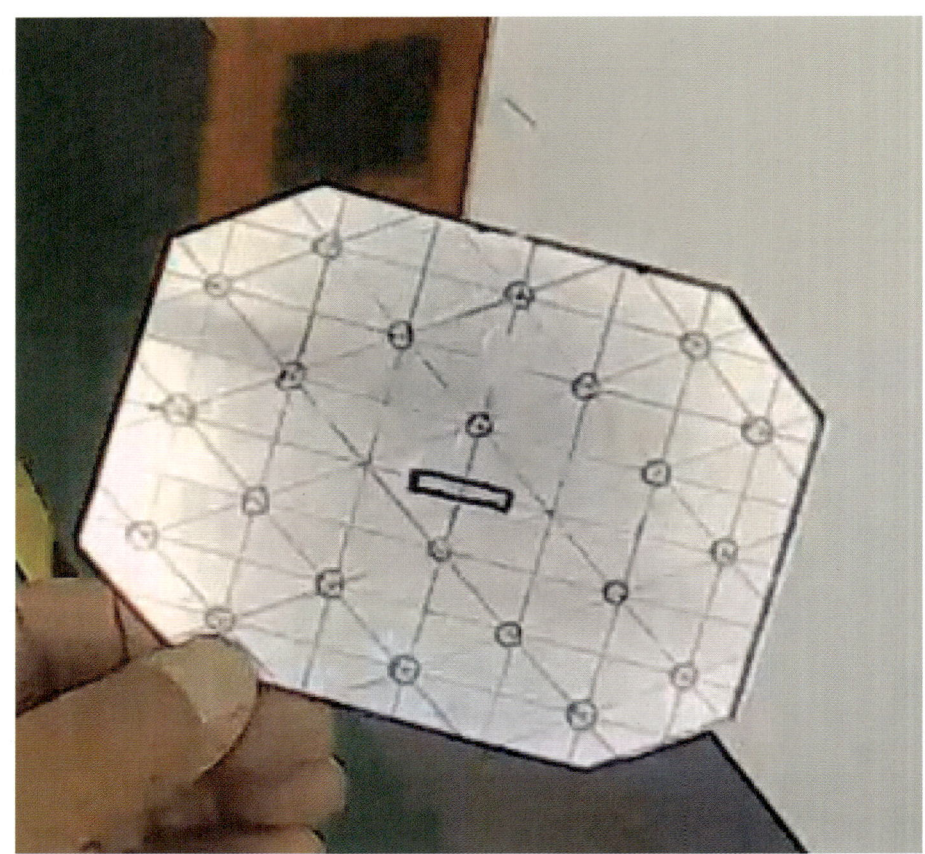

图 6-8　剪板示意

图 6-9　定位示意

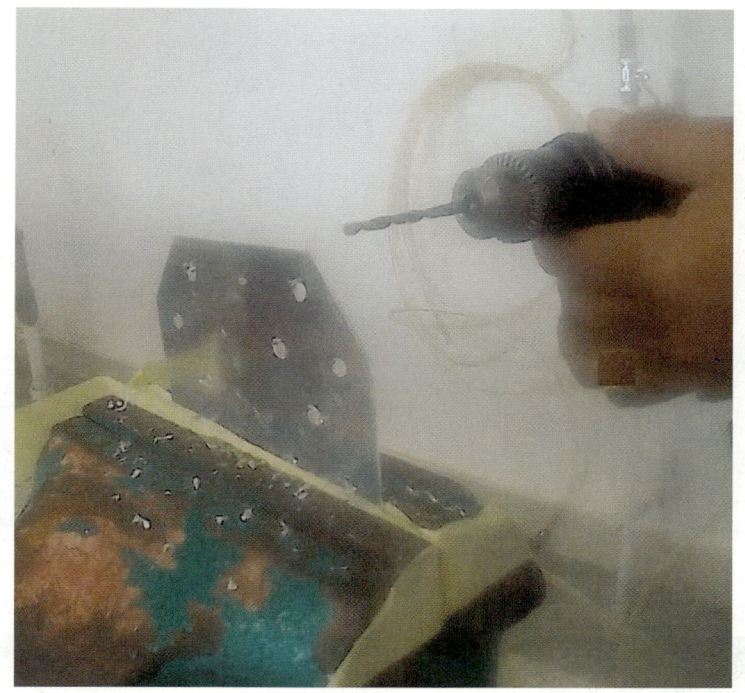

图 6-10 钻孔示意

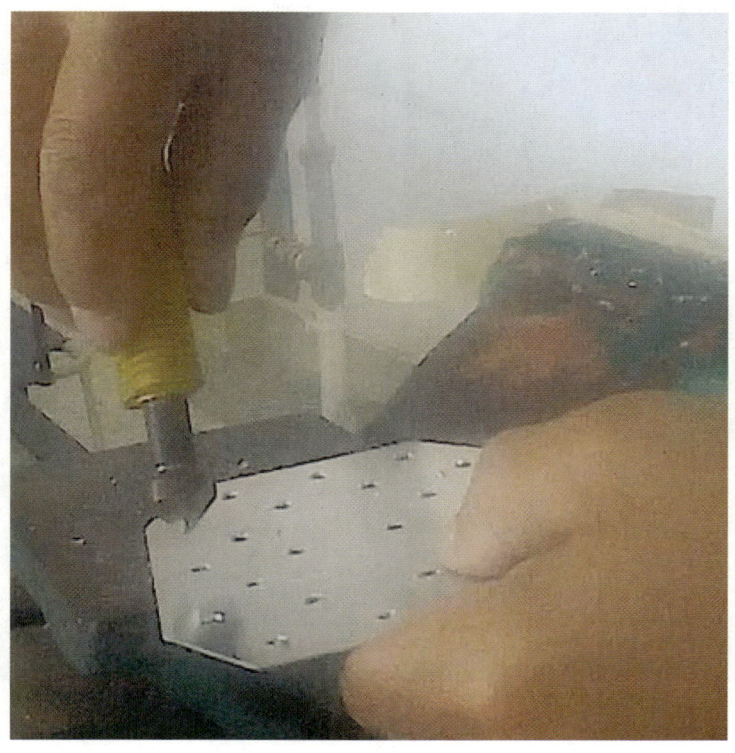

图 6-11 清除毛刺示意

图 6-12　钻孔示意

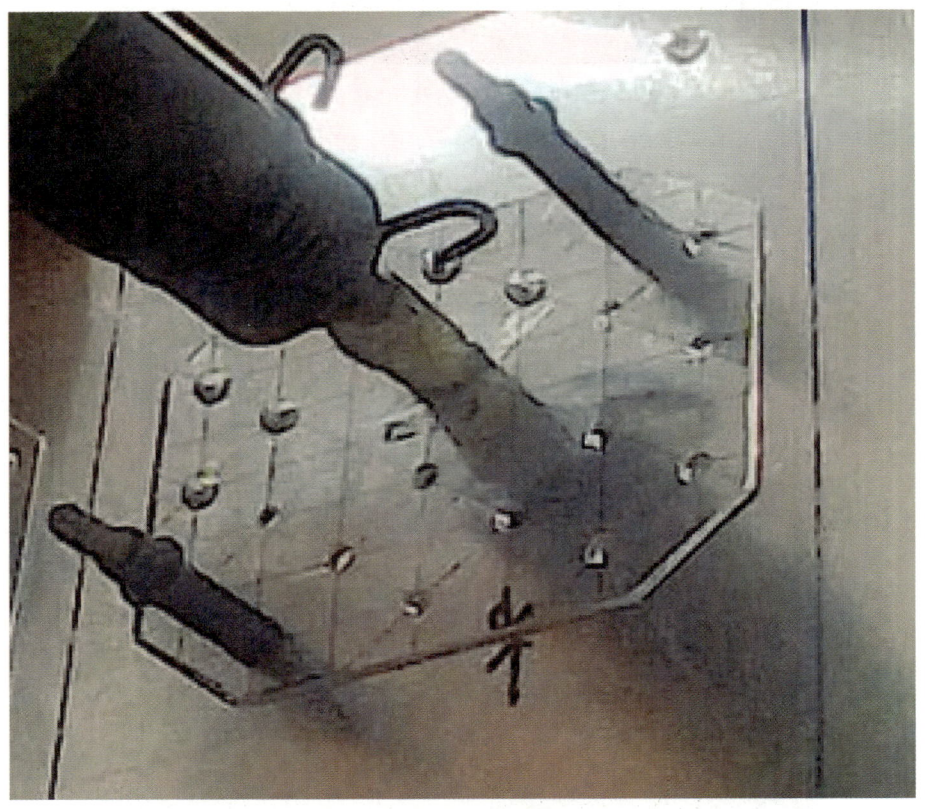

图 6-13　铆接示意

图 6-14 扩孔示意

图 6-15 拆除铆钉示意

4. 完工状态。

工作结束后的检查和场地恢复	工作签署	检查签署
（1）检查各个指定位置保险装置安装的状态，避免出现错装、漏装的现象		
（2）清点、检查工具的状态和数量，并将工具归还至指定位置		
（3）清点、检查剩余的耗材，并将其归还至指定位置		
（4）检查、清理工作场地，确保工作场地中没有遗留任何多余物		
（5）获得指导教师完工签署		*

工作任务 27　钣金

工作编号：	工作名称：钣金	
实训课时：120 分钟	工作日期：	工作地点：

1. 工作说明。

钣金零件构成飞机机体和气动外形。钣金零件构成飞机机体的框架和气动外形，零件尺寸大小不一，形状复杂，选材各异，产量不等，品种繁多。国产小型飞机钣金件大约有 6 000 项，大型飞机钣金件大约有 20 000 项。钣金零件形状复杂，质量控制严格，有一定的使用寿命要求，对成形后的零件有明确的力学性能和物理性能的要求，与其他行业的钣金零件相比技术要求高，难度大。

2. 工作前准备。

准备项目	准备工作	完成签署	检查签署
工具和设备	工作台（配台虎钳）、剪板机、弯板机、气钻、气钻钥匙、铆枪、铆壳（按需）、顶铁（按需）、限位划钻、气管、钢板尺、游标卡尺、直角尺、直柄冲头（套）样冲、金属手锤、锉刀（按需）、定位销（按需）、定位销钳、固定夹等		
劳保用品	护目镜、耳罩、麻花钻头（按需）、水笔、胶布、木板等。铝合金板 2024-T3（92 mm×60 mm×1 mm）、铝合金板 2024-T3（92 mm×62 mm×2 mm）、铆钉 MS20426AD4-5、铆钉 MS20470AD4-5		
注意事项	（1）保险装置操作中必须佩戴护目镜，防止操作中伤到眼睛。 （2）保险装置（包括保险丝、开口销）均为一次性消耗品，禁止重复使用。 （3）保险装置安装前，螺纹紧固件应按照规定力矩值进行安装，保险装置安装过程中，禁止对螺纹紧固件再次进行拧紧或拧松		
授权	获得指导老师工作授权（必检）		*

3. 操作。

操作流程	工作者签署	检查签署
（1）按照给定的图纸在板材上画图： ① 取两块 92 mm×60 mm×1 mm 和一块 92 mm×62 mm×2 mm 的板材，并测量尺寸是否满足要求；弯曲板件的展开料长度计算：L=26+26+2*π*3.5/4=57.495。在板件上根据数据画剪切线，剪切板材；修正板材边缘毛刺，防止应力集中。 ② 在板材上，画出铆钉距离板材的边距为 10 mm，铆钉间距为 14 mm 的位置。		
（2）在板材上钻孔（2 mm 板件）。 ① 用中心冲在需要打铆钉处打冲点，准备用 4.2 mm 的钻头钻孔。 ② 钻孔需接通气管，先试验气钻是否可用，开关是否灵活；当长时间不用气钻时，需及时关闭气源。 ③ 钻孔完毕，需用去毛刺工具去除背面毛刺。		
（3）弯板及铆接制作。 ① 将需弯板的两块角材放入弯扳机上进行弯曲，角度为 90°，半径 R 为 3 mm；弯好后与下铆接板对正，在弯曲成型的板件上钻孔，准备铆接。 ② 按图纸进行铆接操作，将要铆接件夹到台虎钳上，按要求进行铆接。 ③ 利用划窝器在下铆接板的下侧进行划窝，并于下铆接板的连接处用埋头铆钉共 12 个，每边 6 个。 ④ 角材上部相连处用圆头铆钉 6 个。 ⑤ 完工后进行检查，铆钉头无损伤、划痕；板材面无划伤，贴合面平整；墩头无损伤，均匀一致；各尺寸参数满足要求。		
（4）钣金件完成后按照考官要求拆除一枚铆钉。		
（5）结束工作：完成工作后，将各个工作区恢复到正常状态。具体操作如图 6-10～图 6-24 所示。		

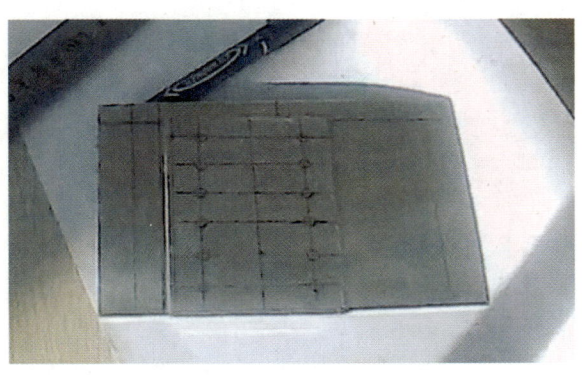

图 6-16　画图示意

图 6-17 剪板示意

图 6-18 钻孔示意

图 6-19 弯板示意

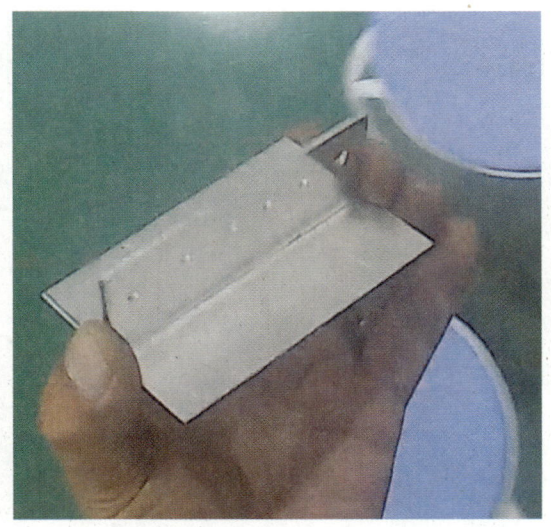

图 6-20 板材示意

图 6-21 钻孔示意

图 6-22 扩孔示意

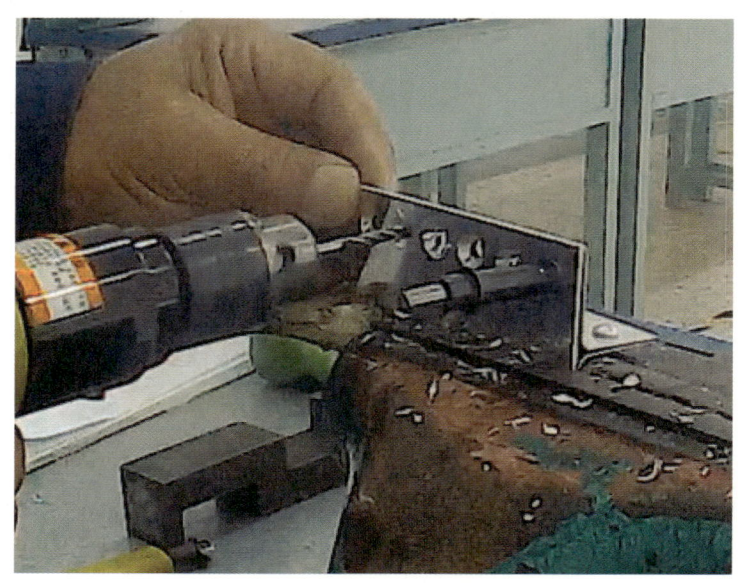

图 6-23　钻孔示意

图 6-24　拆除铆钉示意

4. 完工状态。

工作结束后的检查和场地恢复	工作签署	检查签署
（1）检查各个指定位置保险装置安装的状态，避免出现错装、漏装的现象		
（2）清点、检查工具的状态和数量，并将工具归还至指定位置		
（3）清点、检查剩余的耗材，并将其归还至指定位置		
（4）检查、清理工作场地，确保工作场地中没有遗留任何多余物		
（5）获得指导教师完工签署		*

工作任务 28　制作工具盒

工作编号：	工作名称：制作工具盒	
实训课时：90 分钟	工作日期：	工作地点：

1. 工作说明。

钣金零件的制造是以专用设备为主，配合手工技艺和经验操作来实现的。钣金专用设备是飞机钣金工艺技术发展的标志和工艺技术预研成果的载体，对零件成形质量有着决定性作用。这些设备的研制周期长，技术含量高，投资巨大，社会需求量小，设备利用率不高，设备的更新较慢，这就要求技术工人必须具有良好的手工技艺。

2. 工作前准备。

准备项目	准备工作	完成签署	检查签署
工具和设备	（1）准备好相关工具和设备； （2）准备好相关材料		
注意事项	电气动工具按规定操作		
授权	获得指导老师工作授权（必检）		*

3. 操作。

操作流程	工作者签署	检查签署
（1）利用给定的板材对照图纸尺寸确定略有余富（图 6-25）。		
（2）划定基准线，并确定材料中心点，画出垂直线。		
（3）根据图纸上的尺寸，划出边高加工线（图 6-26）。		
（4）按图纸尺寸划定四角的铆接边及切除倒角。		
（5）按图纸尺寸划定铆接孔的位置（8 个）。		
（6）用剪板机切除轮廓线外多余铁皮。		
（7）分别对盒边高的纵横交叉点打冲点（4 个）。		
（8）对四角的 8 个铆接点打冲点。		
（9）选用规定的钻头对四角定点，铆接点钻孔（图 6-27）。		
（10）用铁皮剪除四角的多余铁皮（图 6-28）。		
（11）用尼龙锤或木锤子矫正剪除部位的四角至平整。		
（12）用折边机对相应的 2 个短边进行 90°弯曲（图 6-29）。		
（13）用合适角铁、方木、木槌、台钳对剩余的 2 边进行 90°弯曲。		
（14）分别对四角调整至 90°，并且大力钳夹住钻孔（图 6-30）。		
（15）去除铆接耳片孔周围的毛刺。		

续表

操作流程	工作者签署	检查签署
（16）选择合适长度直径的铆钉进行手工铆接至规定值。		
（17）对铁盒进行简单整形（图6-31）。		
（18）用锉刀修整工具盒棱角，使之光洁、平滑。		

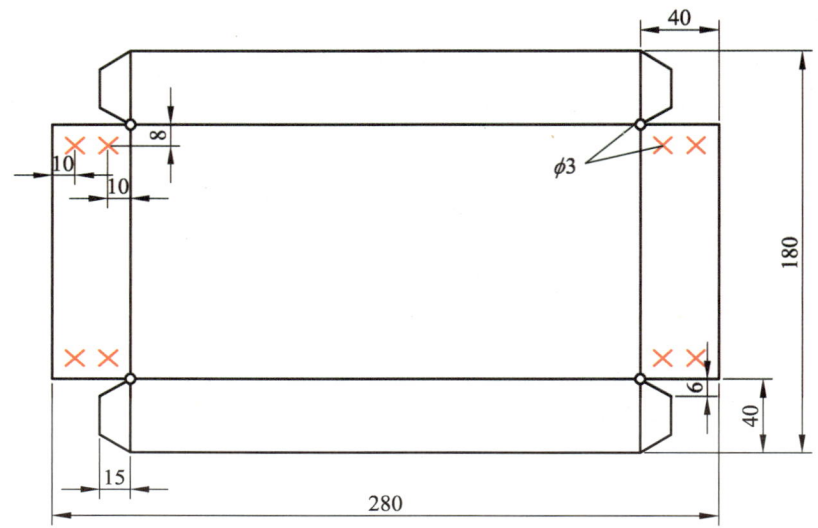

图 6-25　工具盒图纸示意（单位：mm）

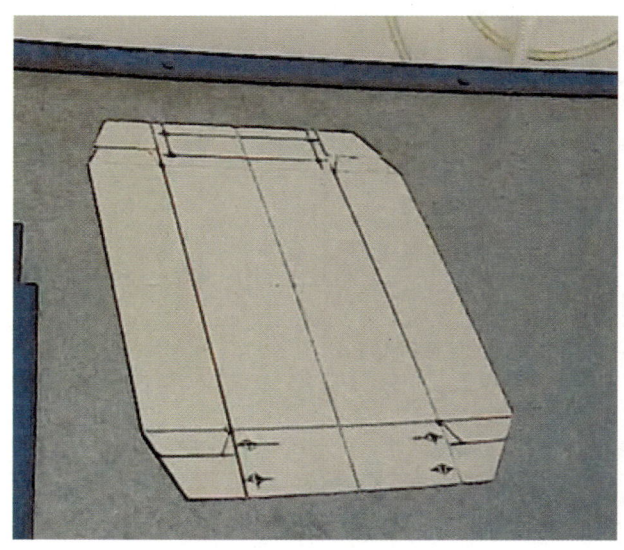

图 6-26　剪版画线

模块 6　钣金加工

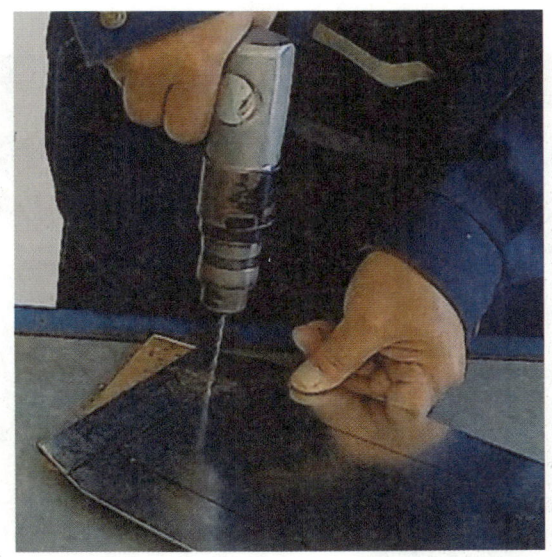

图 6-27　钻孔示意

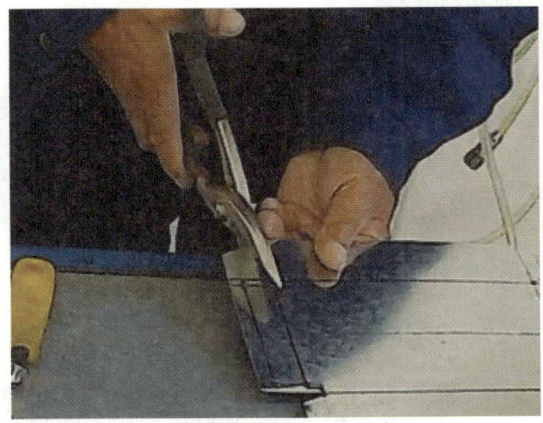

图 6-28　剪切示意

图 6-29　弯板示意

图 6-30　钻孔示意

图 6-31　成品示意

4. 完工状态。

工作结束后的检查和场地恢复	工作签署	检查签署
（1）检查各个指定位置保险装置安装的状态，避免出现错装、漏装的现象		
（2）清点、检查工具的状态和数量，并将工具归还至指定位置		
（3）清点、检查剩余的耗材，并将其归还至指定位置		
（4）检查、清理工作场地，确保工作场地中没有遗留任何多余物		
（5）获得指导教师完工签署		*

课后提升

钣金是航空领域不可替代的，钣金具有重量轻、强度高、导电（能够用于电磁屏蔽）成本低、大规模量产性能好等特点，目前在航空领域得到了广泛应用。其次随着钣金的应用越来越广泛，钣金零件的设计变成了产品开发过程中很重要的一环，飞机维修工程师必须熟练掌握钣金件的设计技巧，使得设计的钣金既满足产品的功能和外观等要求，又能使得冲压模具制造简单成本低。而我们作为钣金的加工者，也承担着重要的责任，保证零件质量，降低报废率是我们主要学习的方面。钣金加工，基本都属于一次性成型，所以一旦不合适就不能再次利用生产制作该项零件。下料常常使用剪板机，将大块的板料薯切为产品所需尺寸。通过调节可以获得不同角度的折弯零件，同时对学生的手工加工简单的弯曲面，也有了一定的能力。

模块 7 钳工

教学目标

【知识目标】

1. 了解钳工在飞机维修当中的地位;
2. 掌握钳工基本知识;
3. 掌握钳工中常用的工具、量具、设备的使用方法。

【技能目标】

1. 掌握钳工所应具备的基本技能;
2. 能独立完成零件的分析和加工;
3. 具备一定的工艺操作水平。

【素养目标】

1. 责任意识,能够积极承担属于自己的责任和使命,具有敢于担当;
2. 热爱自己的工作,能够把聪明才智用到工作中;
3. 具有专注意识,标准意识,具有一定的创新意识,能够结合自己的工作实际,创新工作内容和方法。

任务导入

C919 有着数百万个零件,其中 80%是我国第一次设计生产,复杂程度可想而知。

钳工胡双钱正在打磨大飞机上的一个精密零件,在这间现代化数控车床的厂房里,所有工作都由手工来完成的胡双钱,像一个有些过时的老古董,他的抽屉里装满了和他同一个年代的老式工具。在这个 3 000 平米的厂房里,胡双钱和他的钳工班组所在的角落并不起眼,但是打磨、钻孔、抛光,对重要零件的细微调整,这些大飞机需要的精细活都只能手工完成。

胡双钱说:"有种是角度很小的,直角的零件,它刀子伸不进去,还要靠手工来修锉什么的。就说有一个零件,你如果说很急,数控机床做的话要编程,但是靠我们机加工来做,有可能在最短的时间里,就把这个零件给做出来了。"

航空工业要的就是精细活,大飞机的零件加工精度要求达到十分之一毫米级,对此胡双钱这么描述:"相当于人的头发丝的三分之一,这个概念的公差。"胡双钱已经在这个车间里工作了 35 年,经他手完成的零件,没有出过一个次品。在中国民用航空生产一线,很少有人能比老胡更有发言权。

知识准备

一、钳工介绍

钳工是手持工具对金属停止加工的方法。钳工任务主要以手工方法，应用各种工具和常用设备对金属停止加工。讲到这里大家不由要问，工业发展这么快，为什么在实践任务中还需要钳工？有些机械加工不太适宜或某些不能处置的任务，还是由钳工完成，比如：设备的组装及维修等。随着工业的发展，在比较大的企业里，对钳工还有比较细的分工。

1. 钳工的专业分工

（1）装配钳工。
（2）修缮钳工。
（3）模具钳工。
（4）划线钳工。
（5）工具、夹具钳工。

无论是哪一种钳工，要想完成好本职任务，首先应该掌握钳工的基本操作。

2. 钳工的基本操作

（1）划线。
（2）锉削。
（3）錾削。
（4）锯削。
（5）钻孔、扩孔、铭孔、铰孔。
（6）攻螺纹、套螺纹。
（7）刮削。
（8）研磨。
（9）装配。

3. 钳工的特点

（1）加工灵敏、方便，可以加工外形复杂、质量要求较高的零件。
（2）工具复杂，制造刃磨方便，资料来源充足，本钱低。

二、钳工的常用设备

（1）钳台。
（2）台虎钳。
（3）砂轮机。
（4）平口虎钳。

（5）台钻。

安全管理

1. 进实训室必须穿任务服，女生戴任务帽。
2. 操作者要在指定岗位停止操作，不得串岗。
3. 遵守休息纪律，不准迟到。
4. 仔细遵守平安操作规程。
5. 保护设备及工具、量具、工件摆放划一，对损坏和丢失的工具、量具要折价赔偿。
6. 任务前检查工具、量具，如手锤、钳子、锉刀、游标卡尺等，必须完整无损，手锤前端不得有卷边毛刺，锤头与锤柄不得松动。
7. 任务前必须穿戴好防护用品，任务服袖口、衣边应契合要求，长发要挽入任务帽内。
8. 制止运用缺手柄的锉刀、刮刀，以免伤手。
9. 用手锤敲击时，留意前后是否有人，不许戴手套，以免手锤滑脱伤人，不准将锉刀当手锤或撬杠运用。
10. 不准把扳手、钳类工具当手锤运用；活动扳手不能反向运用，不准在扳手中间加垫片运用。
11. 不准在虎钳手柄上加长管或用手锤敲击增大夹紧力。

任务实施

围绕航空紧固件拆装与保险共有两个任务，分别是加工一个部件、钳工（加工一个部件）。请同学们按照任务工卡完成任务。

工作任务 29 加工一个部件

工作编号：	工作名称：加工一个部件	
实训课时：120 分钟	工作日期：	工作地点：

1. 工作说明。

了解工业生产中机械零件制造的一般过程。对学生进行基本操作技能的训练，使学生了解机械零件的常用加工方法、所用主要设备的工作原理、工夹量具的使用以及安全操作技能。

2. 工作前准备。

准备项目	准备工作	完成签署	检查签署
工具和设备	锉刀、錾子、手锯、手锤、台钻及钻头、游标卡尺、钢板尺、直角尺、划针、纱布。 物料：铁型材		
劳保用品	护目镜、手套		
注意事项	需掌握并遵守安全操作规章。挥锤方法如图 7-1 所示		
授权	获得指导老师工作授权（必检）		*

3. 操作。

操作流程	工作者签署	检查签署
（1）根据所提供的加工图（图 7-2），在原材料上用划针划出下料加工线。		
（2）将材料夹在台虎钳上用锯的办法先截断原材料，获得基本的毛坯件（图 7-3）。		
（3）用锉工具对毛坯件的一个面进行操作，建立一个加工基准面，确保表面平整度。		
（4）在基准面用划针划出下一步的加工线（平面）。其中一个边预留约 2 mm 的加工量，指定用于錾削操作。		
（5）用錾削的办法对指定的部位进行操作，然后用锉销的办法对该面及其他 3 个垂直面进行操作获得加工件长度和宽度的标准尺寸，并确保横向和纵向的垂直度。		
（6）在基准面的 4 个垂直面用滑针划出下一步的加工线。		
（7）在加工好的工件基准面上按图纸要求用划针划出 3 个孔心点。		
（8）按图纸的 3 个孔的不同直径要求，钻出 3 个孔（图 7-4）。		
（9）再用锉销的方法进行操作，获得加工件高度的标准尺寸，并确保表面平整度和光洁度。		
（10）检查各加工精度，使其符合图纸上的要求。		

模块 7 钳工

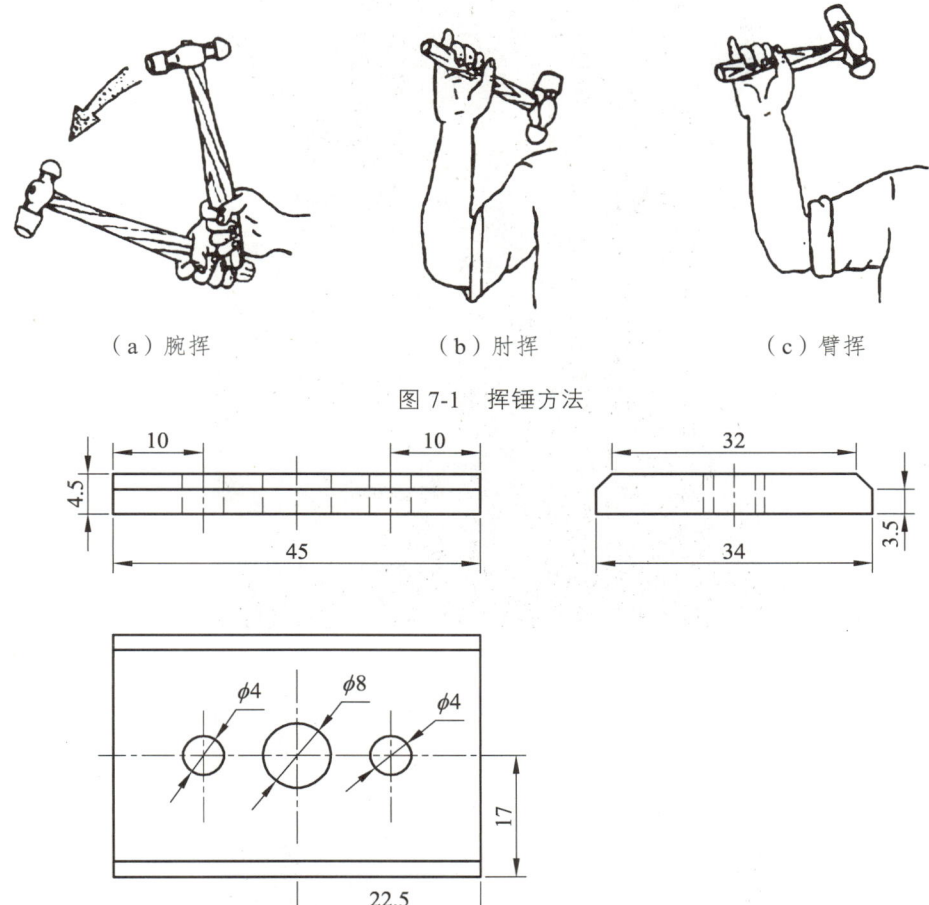

(a) 腕挥　　　　　(b) 肘挥　　　　　(c) 臂挥

图 7-1　挥锤方法

1. 尺寸单位：mm；2. 长、宽、高精度要求±0.2 mm；3. 孔心偏差精度要求±0.4 mm；4. 孔的直径精度要求±0.2 mm；5. 垂直度精度要求±3°。

图 7-2　加工图示意

图 7-3　工作台

图 7-4 钻台

图 7-5 成品

4. 完工状态。

工作结束后的检查和场地恢复	工作签署	检查签署
（1）检查各个指定位置保险装置安装的状态，避免出现错装、漏装的现象		
（2）清点、检查工具的状态和数量，并将工具归还至指定位置		
（3）清点、检查剩余的耗材，并将其归还至指定位置		
（4）检查、清理工作场地，确保工作场地中没有遗留任何多余物		
（5）获得指导教师完工签署		*

工作任务 30　钳工（加工一个部件）

工作编号：	工作名称：钳工（加工一个部件）	
实训课时：90 分钟	工作日期：	工作地点：

1. 加工说明。

　　了解工业生产中机械零件制造的一般过程。对学生进行基本操作技能的训练，使学生了解机械零件的常用加工方法、所用主要设备的工作原理、工夹量具的使用以及安全操作技能。

2. 工作前准备。

准备项目	准备工作	完成签署	检查签署
工具和设备	钳工工作台（配台虎钳）、划线平台、划针、方箱、V型铁、划针盘、高度尺（公制）、高度游标尺（公制）、样冲、划规、钳工手锤、錾子（扁錾）、手锯、锉刀、钻床（含附件）、平口钳（含附件）、毛刷、套装麻花钻（公制，直径 3~12）、钢直尺（含公制）、直角尺、刀口尺、游标卡尺（公制）、千分尺（公制）、整形锉刀		
劳保用品	护目镜、手套、不小于 20*20*9.5 方钢毛坯件、锯条、钳工墨水		
注意事项	（1）确保所有起落架都安装了安全销。没有安全销，起落架收回会导致人员受伤，设备损坏。 （2）如果你不安装拆下的机轮组件，则需放气轮胎，以防止运输过程中充气轮胎爆炸。 （3）如果机轮组件没有损坏，可以接受放气时在轮胎中留下大约 50 psi（345 kPa）或 25%的余压。在轮胎中留下大约 50 psi（345 kPa）或 25%的余压可以防止机轮组件运输时对轮胎的损坏。 　　正确使用千斤顶和机轮、刹车拆装专用工具、防止压伤人或设备		
授权	获得指导老师工作授权（必检）		*

3. 操作。

操作流程	工作者签署	检查签署
（1）加工前工作准备（图 7-6、图 7-7）： 检查工作台、设备和工具，领取并检查毛坯件。 （详见图纸）		
（2）划线：采用锉削的方法锉出两个基准面。 熟悉图纸并按照图纸尺寸要求在规定区域完成划线工作。（详见图纸		

续表

操作流程	工作者签署	检查签署
（3）錾削： 錾削规定的表面。（详见图纸）		
（4）锯割（图7-8）： 按照图纸要求锯割相应的加工面。（详见图纸）		
（5）锉削： 锉削各表面。（详见图纸）		
（6）钻孔前准备： 工件准备和安装，钻头准备和安装，机床准备和加工前检查。		
（7）钻孔加工（图7-9）： 按照钻孔加工流程完成孔加工，（尺寸详见图纸）		
（8）精修： 精修各表面至图纸要求的尺寸、形位精度，各参数详见图纸。		
（9）检查： 完成加工后检查，各参数详见图纸。		
（10）结束工作（图7-10）： 完成工作后，将各个工作区恢复到正常状态。		

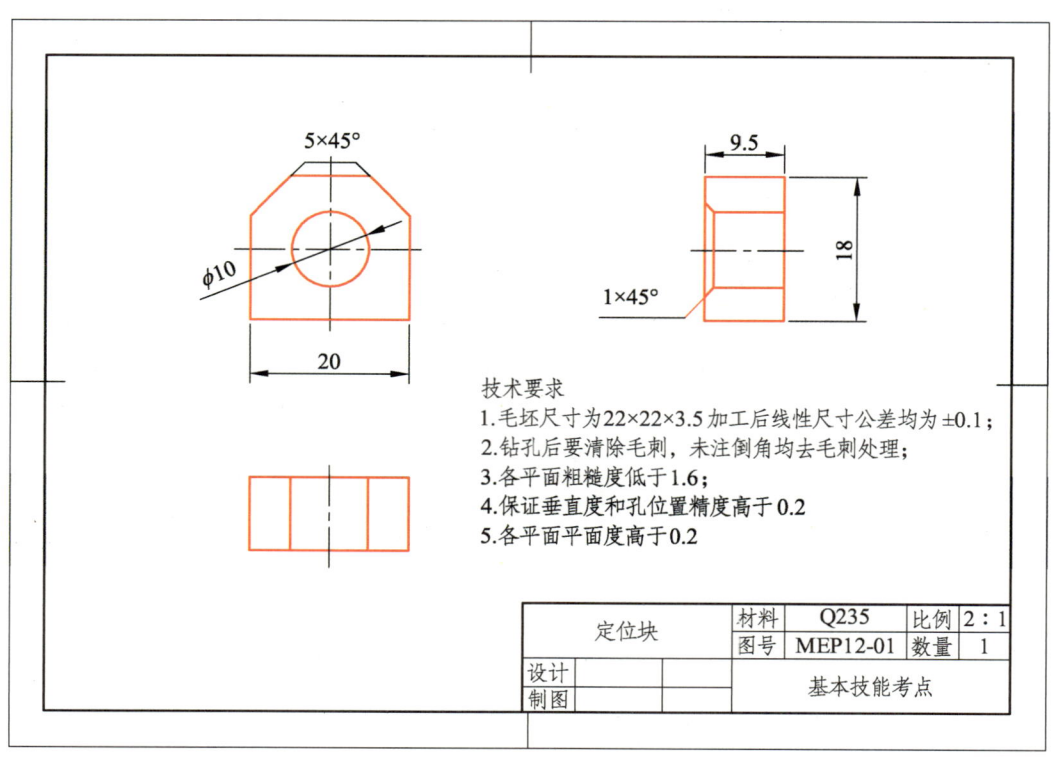

图 7-6 图纸

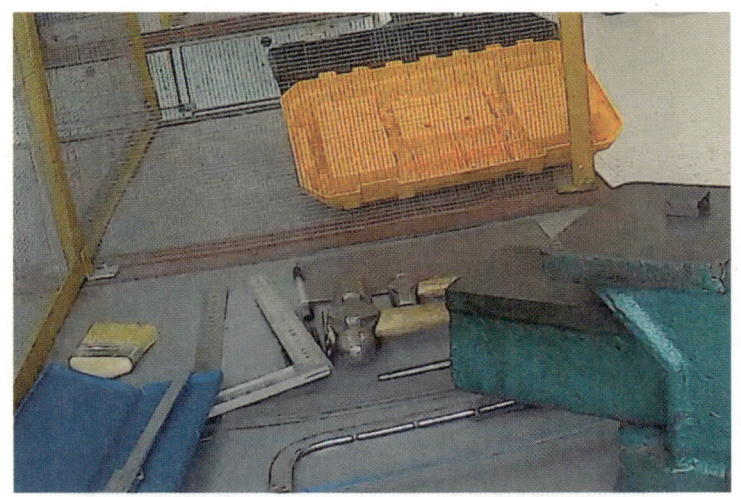

图 7-7　工作台

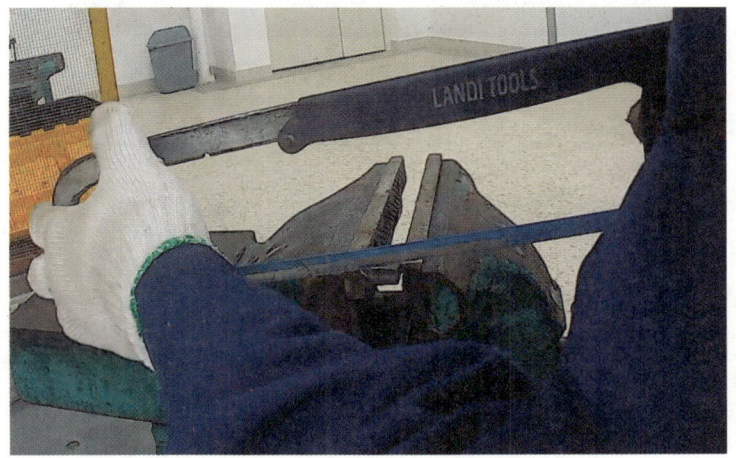

图 7-8　锯割

图 7-9　钻孔

图 7-10 成品

4. 完工状态。

工作结束后的检查和场地恢复	工作签署	检查签署
（1）检查各个指定位置保险装置安装的状态，避免出现错装、漏装的现象		
（2）清点、检查工具的状态和数量，并将工具归还至指定位置		
（3）清点、检查剩余的耗材，并将其归还至指定位置		
（4）检查、清理工作场地，确保工作场地中没有遗留任何多余物		
（5）获得指导教师完工签署		*

课后提升

在钳工实训中，钳工的主要内容为刮销、钻孔、攻套丝、锯割、锉削、装配、划线；了解了锉刀的构造、分类、选用、锉削姿势、锉削方法和质量的检测。首先要正确地握锉刀，锉削平面时保持锉刀的平直运动是锉削的关键，锉削力有水平推力和垂直压力两种。锉刀推进时，前手压力逐渐减小后手压力大则后小，锉刀推到中间位置时，两手压力相同，继续推进锉刀时，前手压力逐渐减小后压力加大。锉刀返回时不施加压力。

钳工的安全技术：

（1）钻台要放在便于工作和光线适宜的地方；钻床和砂轮一般应放在场地的边缘，以保证安全。

（2）使用机床、工具如钻床、砂轮、手电钻等，要经常检查，发现损坏不得使用，需要修好再用。

（3）台虎钳夹持工具时，不得用锤子锤击台虎手柄或钢管施加夹紧力。

钳工是以手工操作为主的切削加工的方法，是机械制造中最古老的金属加工技术。钳工有三大优点和两大缺点。

优点：

（1）加工灵活。在不适于机械加工的场合，尤其是在机械设备的维修工作中，钳工加工可获得满意的效果。

（2）可加工形状复杂和高精度的零件。技术熟练的钳工可加工出比现代化机床加工的零件还要精密和光洁的零件，可以加工出连现代化机床也无法加工的形状非常复杂的零件，如高精度量具、样板、开头复杂的模具等。

（3）投资小。钳工加工所用工具和设备价格低廉，携带方便。

缺点：

（1）生产效率低，劳动强度大。

（2）加工质量不稳定，加工质量的高低受工人技术熟练程度的影响。

参考文献

[1] 黄方道. 飞机维修工程基本技能指导[M]. 北京：中国民航出版社，2012.
[2] 符双学，刘艺涛. 飞机维护技术基础[M]. 西安：西北工业大学出版社，2018.
[3] 郑东良. 航空维修理论[M]. 北京：国防工业出版社，2007.
[4] 李向新，邓岚. 飞机机械维修技能基础[M]. 北京：北京理工大学出版社，2021.
[5] 虞浩清，姜泽锋. 飞机结构图纸识读与常用维修手册使用[M]. 2版. 北京：清华大学出版社，2013.
[6] 刘晓山，郑立胜. 飞机修理新技术[M]. 北京：国防工业出版社，2003.
[7] 赵迎春，胡华航. 空维修技术英语[M]. 北京：中国水利水电出版社，2022.
[8] 臧和发. 航空电子装备维修技能[M]. 北京：北京航空航天大学出版社，2014.
[9] 李幼兰. 空气动力学和维护技术基础（ME、AV）[M]. 2版. 北京：清华大学出版社，2016.
[10] 王洲伟，韩斐，谢岩甫. 飞机维护基础[M]. 北京：国防工业出版社，2021.